Cinema 4D
特效动画制作
（微视频版）

4D

程罡◎编著

U0224090

清华大学出版社
北京

内 容 简 介

本书分门别类地讲解了16个精彩特效案例，涵盖了刚体动力学、柔体动力学、毛发和骨骼、粒子等主要动画模块。案例简单、有趣，效果出色，和实际工作结合度高。本书讲解详尽准确、条理清晰，配有所有案例的网络视频教学、案例源文件和相关资源，确保了学习效果。

本书不仅适合作为三维动画爱好者、影视动画从业人员、三维动画培训学员的参考书，也可以作为高校动画和设计类专业的教材和教学参考书。

图书在版编目（CIP）数据

惟妙惟肖：Cinema 4D特效动画制作：微视频版 / 程罡编著. —北京：清华大学出版社，2023.5（2024.1重印）
ISBN 978-7-302-62906-1

Ⅰ.①惟…　Ⅱ.①程…　Ⅲ.①三维动画软件－高等学校－教材　Ⅳ.①TH14

中国国家版本馆CIP数据核字(2023)第035825号

责任编辑：魏　莹
封面设计：李　坤
责任校对：吕丽娟
责任印制：杨　艳

出版发行：清华大学出版社
　　　　网　　　址：https://www.tup.com.cn，https://www.wqxuetang.com
　　　　地　　　址：北京清华大学学研大厦A座　　　　邮　　编：100084
　　　　社 总 机：010-83470000　　　　邮　　购：010-62786544
　　　　投稿与读者服务：010-62776969，jsjjc@tup.tsinghua.edu.cn
　　　　质 量 反 馈：010-62772015，zhiliang@tup.tsinghua.edu.cn
印 装 者：小森印刷霸州有限公司
经　　销：全国新华书店
开　　本：190mm×260mm　　　印　张：15　　　字　数：360 千字
版　　次：2023 年 5 月第 1 版　　　印　次：2024 年 1 月第 2 次印刷
定　　价：89.00元

产品编号：098134-01

Cinema 4D 由德国 Maxon Computer 开发，是一款集 3D 建模、动画、模拟和渲染于一体的专业软件，其以快速、强大、灵活和稳定的工具集使 3D 建模设计、动态图形、VFX、AR/MR/VR、游戏开发和所有类型的可视化让专业人士能够更容易和高效地使用 3D 工作流程。无论是独自工作还是团队合作，Cinema 4D（以下简称 C4D）都能产生惊人的效果。

C4D 作为一个全方位的三维动画软件已经诞生三十多年，其前身可以追溯到 20 世纪 80 年代末期的 FastRay 软件。当时这个软件还没有图形界面，只能在 Amiga 操作系统上运行。C4D 这个名称直到 1993 年才出现。1995 年，Windows 操作系统问世，图形化操作模式成为大势所趋，所有的设计软件都面临向该系统移植的问题。1996 年，基于 PC 和 Mac 版本的 C4D 正式发布，标志着这个软件全面进入图形化操作模式。

目前，三维设计软件经过二十多年的竞争、优胜劣汰和大浪淘沙，已经基本形成了三足鼎立的格局。电影级高端动画基本是 Maya 的领地，建筑表现领域主要是 3ds Max 的地盘，在影视和广告动画方面 C4D 所占的份额较大。

C4D 能有如今的成就，和其相对易学、易用和高效率的特点分不开。由于工作和兴趣的原因，笔者研究、学习三维动画软件二十多年，对这几个软件都很熟悉。在学习和教学过程中，让笔者印象深刻的是这个软件的易学性和易用性。较之另外两款软件，C4D 软件上手的速度、作品的效果和工作效率确实是体验最好的，甚至连安装软件所占的磁盘空间都是最小的。在这个快节奏的时代，能使用户高效地学习掌握、高效地工作、高效地产出，的确具有很大的竞争力，这也是这款软件能立于不败之地且不断有所发展的底蕴所在。

C4D 在特效动画制作方面独具特色，虽然不如 Maya 高端，但是胜在效率更高。3ds Max 对插件的依赖程度较高，易用性不如 C4D。用 C4D 做特效动画非常方便快捷，且用户体验良好，因此其应用非常广泛，用户也越来越多。比如，应用在短视频、网店装饰和网页动画等领域。

本书精心选取了 16 个 C4D 特效动画案例，涵盖了刚体动力学、柔体动力学、毛发和骨骼、粒子等主要动力学模块。选择案例的原则是简单、有趣、效果出色，和实际工作结合程度尽可能高，尽量采用内置模块完成所有的操作，尽可能少地使用第三方插件。

在案例的讲解上，采用纸质图文和网络教学视频双模式。图文部分（图书）的讲解努力做到详细准确、思路清晰、条理严谨，使读者一册在手，就可以基本完成案例的制作。同时本书配有网络视频全流程演示案例的制作过程，此外本书还提供配套的网络资源包，包括所有案例的模型源文件和相关资源，读者可扫描下方的二维码获取网络资源包。

配书案例资源包

本书中的案例、流程、方法和技巧，不可避免地参考、借鉴了国内外专家、高手的作品。条件所限无法一一列出，在此一并致歉并表示衷心感谢！

由于笔者的水平和能力有限，书中不足之处在所难免，欢迎广大读者批评指正、不吝赐教。

编　者

第 1 章　特效动画概述 / 1

第一篇　刚体动力学动画

第 2 章　泰森多边形球体 / 12

第 3 章 堆积球体 / 28

第 4 章 动态管道 / 38

第 5 章 碰撞的金块 / 51

第二篇　柔体动力学动画

第 6 章　动力学果冻 / 64

第 7 章　圣诞彩条 / 73

第 8 章　沸腾的液体 / 85

第9章 柔软的面条 / 100

第三篇 毛发和骨骼动画

第10章 折叠地图 / 112

第 11 章　足球草坪 / 128

第 12 章　毛发文字 / 141

第 13 章　面包宝宝 / 154

第四篇 粒子动画

第 17 章　粒子飞龙 / 218

第1章 特效动画概述

本章对本书中用到的主要特效模块进行概述，在案例制作中遇到相关模块和参数时就不再详细讲解了。这些模块的参数、命令和选项众多，本书限于篇幅不可能面面俱到。如果想要全面了解每一个参数的功能，可以参阅相关图书或资料。

本章主要分为模拟类对象、动力学对象、运动图形、生成器、变形器等模块，全面涵盖了制作本书特效动画需要用到的所有重要模块。只要读者掌握了这些模块的使用方法，就可以轻松地做出本书中的所有案例。

1.1 模拟类对象

Cinema 4D的模拟类对象主要在Simulate（模拟）菜单中，包括布料、动力学、粒子和毛发等对象。

1.1.1 发射器（Emitter）

发射器属于粒子模块。发射器基本上是所有粒子之母——几乎所有涉及粒子的动画都离不开这个发射器。

使用粒子发射器可定义新创建粒子的初始特性，如运动、速度等。此外，Include（包含）选项卡可用于定义哪些粒子修改器会影响此粒子发射器的粒子，如图1-1所示。

图1-1 粒子发射器特效

1.1.2 引力（Attractor）

引力属于粒子模块，是一个径向对称的引力。使用引力修改器，可以用类似太阳捕捉单个行星的方式捕捉粒子，还可以创建水漩涡。在吸引子范围之外，粒子将以线性方式移动。

引力边界框内的粒子受吸引子强度的影响，边界框的大小不影响强度。

引力的强度参数如果设置为负值，其功能就变为排斥。用户可以利用这个特点，制作爆炸类的特效动画，如图1-2所示。

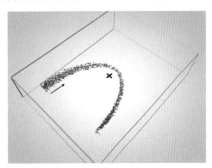

图1-2 引力修改器特效

1.1.3　风（Wind）

风模拟器属于粒子模块，可以对粒子、毛发和布料等对象产生作用。和自然界或人工产生的风一样，风模拟器可以将粒子流转向特定方向。风的吹向由风扇图标加以描述，风扇在修改器中带有一个小箭头。添加湍流可以创建效果，例如更改风向的效果，如图1-3所示。

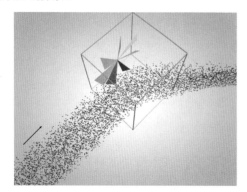

图1-3　风模拟器特效

1.1.4　湍流（Turbulence）

湍流模拟器属于粒子模块，可以使作用对象发生复杂、随机的形态变化，其变化的强度和速度、频率等属性可以通过参数进行精确控制。在模拟一些随机变化的特效和动画时，湍流模拟器非常有用。

图1-4所示是一个带有布料模拟属性的球体，只采用一个湍流模拟器所产生的变形效果，可以用来模拟一个揉皱的纸团。

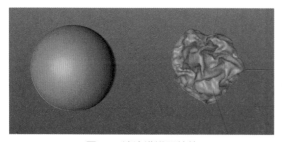

图1-4　湍流模拟器特效

1.1.5　毛发（Hair）

毛发模拟器属于模拟菜单的毛发物体。它包含三个二级模块：Add Hair（头发）、Feathers Object（羽毛）和Fur（皮毛），如图1-5所示。

图1-5　"皮毛"菜单

本书中用的比较多的是Hair模块。虽然名为毛发，但是绝不仅限于模拟头发。通过参数和材质的设定，毛发模块可以模拟草地、刷子、毛线、金属细丝等多种对象，使用范围非常广泛，是极重要的特效模块之一。图1-6所示为毛发特效。

图1-6　毛发特效

1.2　动力学对象

动力学对象主要在Create（创建）菜单的Simulation Tags子菜单中，包含刚体、柔体、碰撞体和布料等，也可以使用"物体"面板菜单或右键菜单加载Simulation Tags。

1.2.1　刚体（Rigid Body）

刚体是指在运动中和受到力的作用后，形状和大小保持不变，而且内部各点的相对位置保持不变的物体。刚体由只对整体碰撞做出反应的硬多边形组成。一般来说，只要是硬度比较高的材质构建的模型，在特效动画中都可以定义为刚体，比如石材、各种金属、水泥、玻璃和陶瓷等。可见，刚体特效在动画制作中的应用是非常广泛的。

图1-7所示是一个由球体和立方体堆积而成的塑像模型崩塌的特效动画，所有的球体和立方体都设置了刚体属性。

图1-7　刚体崩塌特效

1.2.2　柔体（Soft Body）

与刚体相反，柔体可以变形。柔体由许多小质量点（物体点）组成，这些点通过许多弹簧相互连接。如果力对柔体产生影响，其影响将从局部冲击点扩展到周围其他点，从而对力产生柔性（有机）反应。柔体主要用于可变形对象，如皮球、布料（在C4D中有专门的布料模拟）等。

图1-8所示为一个被设置为柔体属性的橡皮鸭模型逐渐坍缩的动画静帧图。

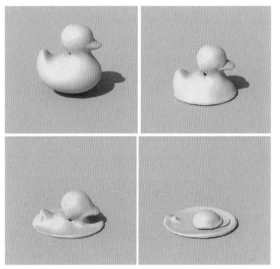

图1-8　柔体坍缩特效

1.2.3　碰撞体（Collider Body）

碰撞体就是被撞击的对象。例如，1.2.1和1.2.2节列举的案例中的地面就是典型的碰撞体，用来承接刚体或柔体，为刚体模型和柔体模型提供一个稳定的碰撞背景。碰撞体也可以是其他任何形状的模型。图1-9中的碰撞体就是一个玻璃球体的内壁，带有刚体属性的黄色小颗粒在玻璃球内壁中碰撞、弹跳。

图1-9　玻璃球碰撞体特效

1.3　MoGraph 模块

MoGraph（动态图形）是C4D中极重要的模块，几乎任何元素都可以在MoGraph中组合，这为用户提供了无限的创作可能性。所以，可以花点时间用MoGraph进行尽可能多的实验——不管你认为动画有多么不可思议！

MoGraph模块的命令基本都集中在菜单MoGraph和MoGraph > Effector（效果器）的次级菜单中，如图1-10所示。

图1-10　MoGraph菜单

1.3.1　MoGraph 的主要功能

MoGraph的主要功能如下。

- 克隆对象的各种方式。
- 通过效果器和场广泛控制克隆。
- 几个用于纹理和控制克隆的特殊着色器。
- 一种特殊的MoText对象，带有用子文本单词和字母行的单独控件。
- 顶点/粒子的移动路径可以使用跟踪器显示为样条线。
- 两个特殊变形对象，可使用样条线（样条线包裹）或纹理（置换变形器）变形对象。
- 可以使用MoSpline（运动样条）对象作为样条线生成器来生成生长、弯曲、花朵状样条线。
- PolyFX对象将对象多边形和样条线线段解释为克隆，而克隆又会受到效果器的影响。
- 可以用作变形对象的效果器。
- 样条线遮罩，样条线的布尔对象。
- 可用于挤出参数化对象的多边形的MoExtrude（运动挤出）对象。每个挤出将在内部视为克隆，因此可以使用效果器进行控制。
- Voronoi（泰森多边形）对象，用于断裂（Fracture）对象。

1.3.2　克隆器（Cloner）

克隆器用于复制其他对象，可将克隆排列到其他对象的顶点上，或将克隆布置到样条曲线上。使用克隆器设置对象，以便它们可以受到各种效果器的影响。这些效果器可用于中断、设置动画、着色或修改对象等。

克隆器对象可以按照层次结构中的任何顺序排列，通过使用最简单的对象可以实现非常有趣的效果，如图1-11所示。

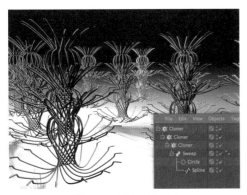

图1-11　克隆器的应用

1.3.3　泰森多边形（Voronoi）

泰森多边形模块可以将对象分解为较小的片段（碎片），这些片段整体上保持原始对象的形状。然后，可以按照通常的方式将MoGraph效果器应用于碎片。与其他克隆生成对象一样，动力学（dynamics）也可以应用于片段（或克隆）。图1-12所示为泰森多边形破碎特效。

图1-12　泰森多边形破碎特效

泰森多边形碎片模块使得不必进行大量精细建模就可以让对象实现破碎特效。分段在闭合的体积网格上效果最佳。按C键，可以随时编辑Voronoi断裂对象。所有碎片将被分组为空对象下的单个对象，并为每一个对象创建标记。

1.3.4　随机（Random）

随机效果器的工作原理是为克隆体提供不规则的排列或外观。随机效果器的功能不仅限于设置位置、旋转或调整大小，还可以修改颜色、权重等。当随机效果器用于控制其他效果器（如延迟效果器）时，加权有助于实现有趣的效果。图1-13所示为矩形阵列方块加载"随机"效果器后的一种随机分布效果。

图1-13　方块的随机分布效果

1.3.5　延迟（Delay）

延迟效果器是确保其他效果器在位置、缩放和旋转方面的效果不会突然开始，而是具有指定的时间延迟。基本上，效果轨迹拖在相应的效果器后面。

在圆周运动中移动的效果器（不是延迟效果器），当它移动时，在它后面会拖出一条轨迹。该轨迹是延迟效果器的结果，如图1-14所示。

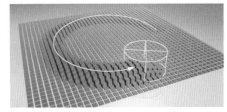

图1-14　延迟效果器的应用

1.3.6　步进（Step）

步进效果器的工作原理：将每个定义的变换应用于最后一个克隆，并对其间克隆的变换（即克隆0到最后一个复制）进行插值。例如，S.Y（Y轴缩放）设置为10的步进效器，这样最后一个克隆在Y方向上比第一个克隆大10倍，如图1-15所示。

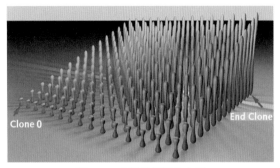

图1-15　步进效果器的应用

1.3.7 断裂（Fracture）

断裂效果器主要有以下两个功能：

● 它将所有子对象视为可受任何效果器影响的克隆。

● 如果子对象碰巧也是不相关的对象（例如，是一个或多个挤出对象中的样条线段），并且已通过"断开连接"命令分离为各自的组件，则这些单独的组件也可以视为克隆。

考虑到每个命令的设置，可以通过"使对象可编辑"或"当前状态到对象"命令将断裂对象本身分离为各个组件。

图1-16（a）为分解线段，图1-16（b）为分解线段并连接，两者都应用了断裂效果器。

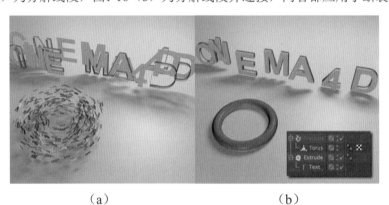

（a）　　　　　　　　　　　　（b）

图1-16　断裂效果器的应用

1.4　Generators（生成器）

"生成器"是Cinema 4D最强大的建模工具之一，包括挤出（用于3D徽标等）和Subdivison Surface（表细分表面），可用于任何类型的模型，尤其是平滑形状，如角色等工具。

生成器对象是交互式的，这意味着它们可以使用其他对象生成曲面。生成器使用户能够使用简单的曲线或对象轻松、快速地创建曲面。例如，要创建酒瓶，可以将酒瓶的一半轮廓绘制为样条线，并使该样条线成为lathe（车床）对象的子对象，然后将花键旋转360°就可以生成瓶子。

除了帮助用户快速建模外，生成器比多边形模型更快、更易于编辑。例如，要更改酒瓶的形状。在视图中，拖动样条线的点以形成新轮廓，当你拖动这些点时，瓶子会实时更新，几秒钟后你就完成了更改。

生成器的打开方式，在工具栏上点击并按住"细分"按钮，在弹出的面板中有生成器的按钮和图标，如图1-17所示。

图1-17　"生成器"工具面板

另外，还可以执行菜单栏中的Create > Generators命令，在次级菜单中执行相应的命令，如图1-18所示。

图1-18　"生成器"菜单

1.4.1　车削（Lathe）

车削对象生成器围绕对象的局部轴系统的Y轴旋转样条曲线以生成旋转曲面。例如，可以用简单轮廓创建瓷碗模型，如图1-19所示。将样条线放入对象管理器中的车削对象后，车削对象立即显示。轮廓通常位于XY平面上（因为它将绕Y轴旋转）。

图1-19　"车削"生成瓷碗

1.4.2　放样（Loft）

放样工具在两条或多条样条线上拉伸形成蒙皮。放样对象中样条线的顺序决定了它们的连接顺序和最终成形结果。图1-20所示为一个三截面放样成形案例。

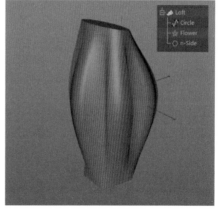

图1-20　"放样"生成器特效

1.4.3　布尔运算（Boole）

布尔运算生成器对基本体或多边形执行实时布尔运算。这意味着，只要将两个对象作为布尔对象的子对象（尝试用两个球体进行测试），就可以在视图中看到结果。

默认的布尔模式是减法。图1-21（a）、图1-21（b）、图1-21（c）分别为A加B、A减B和A交B。

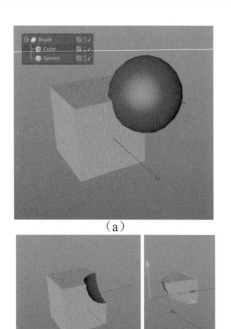

（a）

（b）　　　　　　（c）

图1-21　三种布尔运算

1.4.4 细分表面（Subdivision Surface）

细分表面是通过为多边形增加面数来光滑模型。即便最后的网格很复杂，开始时最好使用低多边形网格建模。对于影视动画模型，通常采用的是多边形建模，这样模型的细节很多，渲染后也比较光滑。将简单的模型转换成复杂模型是一件简单的事，但反过来却要困难得多。图1-22所示为一个大黄鸭模型细分前后的对比。

细分表面对象也非常适合于动画，可以使用相对较少数量的控制点创建复杂的对象。要设置这些对象的动画（可能使用PLA或软IK），需要先设置这些控制点的动画。当PLA的多边形数量超过100000时，采用细分曲面设置角色动画要快得多，容易得多。

虽然原则上可以使用任何类型的细分

曲面对象，但大多数情况下都使用多边形模型，以便可以使用各种多边形工具。

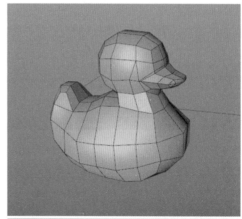

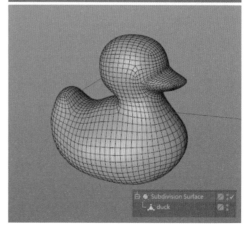

图1-22　大黄鸭模型的细分对比

1.5 Deformer（变形器）

变形器对象主要用于变形其他对象的几何体，可以在基本体对象、生成器对象、多边形对象和样条曲线上使用变形器。

变形工具的加载方法，可以在主工具栏上点击Bend按钮并按住，在弹出的面板中选择相应的变形器工具按钮，如图1-23所示。

另外，还可以通过菜单栏中的Create > Deformer命令，在次级菜单中选择对应的命令，如图1-24所示。

图1-23　"变形器"工具面板

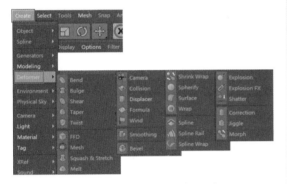

图1-24　"变形器"菜单

1.5.1　弯曲（Bend）

弯曲变形器可以弯曲模型。弯曲变形器必须处于被弯曲对象的子层级，编辑变形器的外框使其与被弯曲模型外形相吻合。用户可以通过外框的参数编辑，也可以单击其属性面板中的Fit to Parent（适配父对象）按钮自动适配。

弯曲的两种操作方法：一种是拖动变形器顶面上的橙色控制手柄，在视图中交互更改弯曲；另一种是通过Object面板上的Strength（强度）参数设置弯曲程度，数值越高弯曲程度越大。

模型的弯曲效果和模型的结构有很大关系，要想获得良好的弯曲效果，在弯曲的轴向上要设置足够的分段，否则可能会出现弯曲极粗糙甚至错误的情况。图1-25所示为圆管弯曲效果。

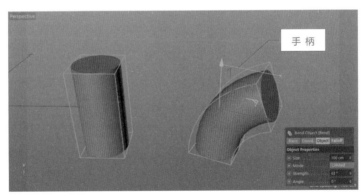

图1-25　圆管的弯曲效果

1.5.2　自由变形（FFD）

自由形状变形（Free Form Deformation，FFD），又称为自由形式变形器，是使用任意数量的网格点自由变形对象。FFD变形器会影响位于原始未修改FFD框架内的任何对象的顶点。与其他变形器不同，必须在点模式下编辑FFD（没有要移动的控制手柄，只有要操纵的网格点）。FFD网格顶点的移动、旋转和放缩还可以记录成动画。图1-26所示为球体加载FFD后变形的效果。

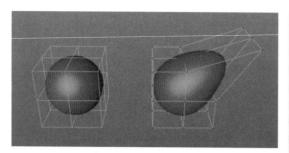

图1-26　球体的FFD变形

1.5.3　置换（Displacer）

置换变形器可以通过一张灰度图像直接改变模型的形状。图像中深色的部分将使模型凹陷，浅色的部分将使模型凸起，前提是置换变形器必须作为模型的子物体。在图1-27中，置换变形器作用于一个平面模型，使后者产生了复杂的变形效果。

置换变形器也可以应用于样条线。

在图1-28中，置换变形器中的噪波着色器已应用于圆形样条曲线。圆形样条曲线位于扫描对象中，该对象由克隆器线性克隆。

以上列举了本书中使用频率最高的特效制作工具和模块，只要把这些模块举一反三、灵活运用，就可以做出令人惊叹的特效动画。让我们开启精彩的特效动画制作行程吧。

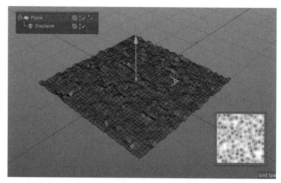

图1-27　平面的置换效果

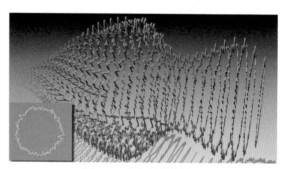

图1-28　样条线置换效果

第一篇
刚体动力学动画

第 2 章 | 泰森多边形球体

本章讲解一个泰森多边形（Voronoi）动态球体的创建过程。球体表面的多边形和每块多边形的颜色会动态变换，如图2-1所示。

图2-1　泰森多边形球体动画静帧图

泰森多边形动态球体使用到的模块主要有泰森多边形、克隆器、随机效果器、引力效果器等。

2.1　碎片的创建

本节将创建球体表面的碎片效果，使用到的模块有泰森多边形、矩阵等。

2.1.1　创建球体

新建C4D场景，在工具栏上点击并按住Cube按钮，在弹出的面板中单击Sphere按钮，如图2-2所示。

图2-2　创建球体

在视图中心的坐标原点上将创建一个多边形球体，参数为默认值，如图2-3所示。

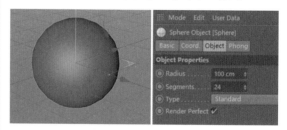

图2-3　多边形球体模型

执行菜单栏中的MoGraph（动态图形）> Voronoi Fracture（泰森多边形断裂）命令，如图2-4所示。

图2-4　执行Voronoi Fracture命令

12

在"物体"面板中，将Sphere拖动到Voronoi Fracture下方，视图中的球体上出现了五颜六色的不规则多边形碎片，如图2-5所示。

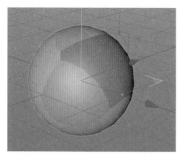

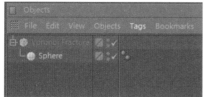

图2-5　球体上出现碎片

在"物体"面板中，单击Voronoi Fracture命令，打开Voronoi Fracture属性面板，切换到Sources选项卡，可以看到Point Generator（点生成器）对象，如图2-6所示。

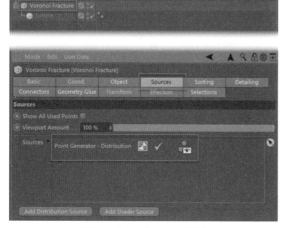

图2-6　Point Generator对象

单击Point Generator对象，视图中的球体表面会出现绿色小点。这些小点与球体表面的碎片数量是对应的，如图2-7所示。

为了便于说明问题，可以在属性面板中，将Point Amount（点数量）的数量从默认值20设置为2。这样视图中球体表面的碎片就只有2片，绿色小点也只有2个，如图2-8所示。

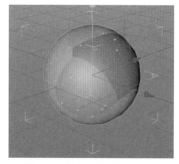

图2-7　球体上生成绿色小点

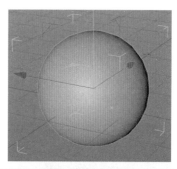

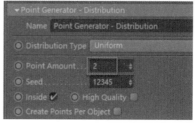

图2-8　设置点的数量

2.1.2　设置噪波动画

接下来，我们要做的是为上述球体表面的碎片制作动画，使碎片在球体表面移动，以便我们更清楚地观察这些碎片是如何移动的。

属性中的Point Amount和Seed（种子值）都不太方便做动画，因此需要引入新的对象。

执行菜单栏中的MoGraph > Matrix（矩

阵）命令，在原点上创建一个3×3×3的矩阵，如图2-9所示。

阵小立方体将分配给每一个碎片，如图2-12所示。

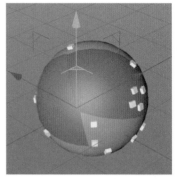

图2-11　矩阵分布到每一个碎片

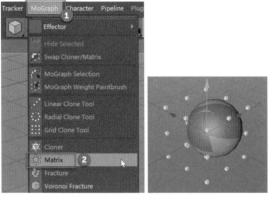

图2-9　创建矩阵

选择矩阵模型，切换到Object选项卡，将Mode的模式设置为Object（物体），将Sphere对象拖动到Object右侧的对象槽，将Distribution（分布）模式设置为Surface（表面），如图2-10所示。

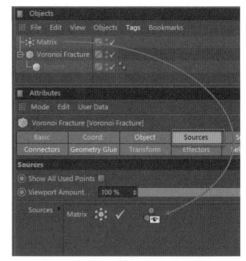

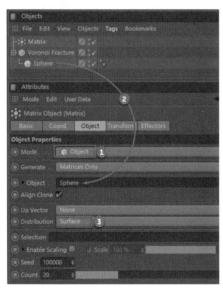

图2-10　矩阵的属性设置

矩阵小立方体从原来的空间分布，变为分布在球体表面上，如图2-11所示。

接下来，可以使用矩阵作为源来驱动每一个碎片。将Matrix拖动到Voronoi Fracture的Sources（来源）右侧的列表中，每一个矩

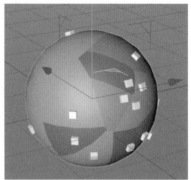

图2-12　分配小立方体

在"物体"面板中，选中Matrix对象，执行菜单栏中的MoGraph > Effector（效果器）> Random（随机）命令。在视图中，小立方体都离开了球体表面，如图2-13所示。

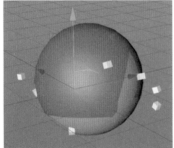

图2-13　加载"随机"效果器

现在这个结果并非我们想要的，还需要进一步设置。在Random的属性面板中，切换到Parameter（参数）选项卡，将P.Z（Z方向）的参数设置为0 cm，使小立方体靠近球体表面，如图2-14所示。

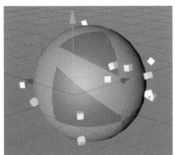

图2-14　设置Z轴参数

切换到Effector（效果器）选项卡，将Random Mode设置为Noise（噪波）模式，如图2-15所示。

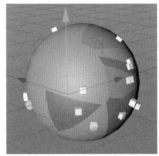

图2-15　加载Noise模式

现在可以使用噪波控制器控制每个小立方体的位置，而噪波控制器是可以做动画的。单击动画播放按钮，可以看到球面上的碎片在随机发生变化。图2-16所示为动画中的几个静帧画面。

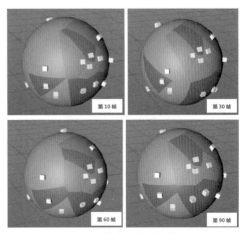

图2-16　噪波动画的关键帧画面

2.2　破碎效果的创建

本节将使用克隆器创建模型表面炫酷的破碎效果。

2.2.1　碎片的厚度

在"物体"面板中，将Matrix的显示关闭。选中Voronoi Fracture对象，在其属性面板的Object选项卡中，将Offset Fragments（碎片偏移）的参数设置为1 cm。

在视图中，球体表面的碎片之间将出现裂纹，裂纹的厚度由Offset Fragments的参数确定，如图2-17所示。

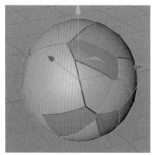

图2-17　设置碎片厚度

将Matrix属性中的Count（总数）设置为80，可以得到更多的碎片，如图2-18所示。

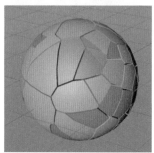

图2-18　设置碎片数量

2.2.2　使用克隆器

现在如果播放动画，碎片的噪波动画效果还是比较炫酷的。如果想要更好的效果，还可以尝试另一种设置——球面的碎片不会相交，并在球面上更加动态地浮动。

在"物体"面板中，将Random和Matrix两个对象删除。执行菜单栏中的MoGraph > Cloner（克隆器）命令。现在，"物体"面板如图2-19所示。

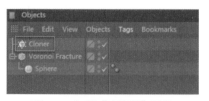

图2-19　加载"克隆器"对象

选中Cloner对象，按Shift键，在工具栏上单击立方体按钮，在弹出的面板中单击

Sphere（球体）按钮，如图2-20所示。

图2-20　单击Sphere按钮

在"物体"面板中，Sphere成为Cloner的次级物体。在视图中，泰森多边形球体上出现了几个垂直分布的白色球体，如图2-21所示。

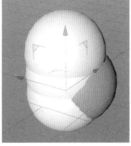

图2-21　克隆球体

在Cloner的Object选项卡中，将Mode设置为Object。将Voronoi Fracture下方的Sphere拖动到Object右侧的对象槽中。随后将下方的Distribution（分布）设置为Surface。在视图中，克隆球体的分布如图2-22所示。

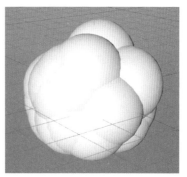

图2-22　克隆球体的分布

现在克隆球的体积太大，可以适当地缩小。选中Cloner下方的Sphere对象，在Object选项卡下，将其Radius（半径）设置为8 cm，如图2-23所示。

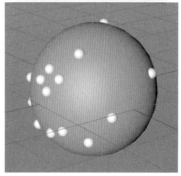

图2-23　设置小球半径

选中Voronoi Fracture对象，切换到Sources（来源）选项卡，将Cloner拖动到Sources右侧的列表中。经过解算之后，视图中的球体表面生成一种炫酷的破碎效果，如图2-24所示。

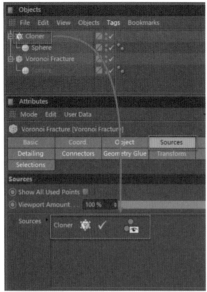

图2-24　炫酷的破碎效果

2.2.3　克隆的优化处理

2.2.2节创建的破碎效果虽然很炫酷，但是并非我们想要的，还需要对参数进一步设置。现在的碎片过于分散，选中Voronoi Fracture对象，切换到Sources选项卡，将Creation Method（构建方式）设置为Volume（体积）。球体表面的碎片大幅减少，如图2-25所示。

图2-25中的碎片数量过多，将Sources选

项卡中的Point Amount设置为1，碎片数量将与小球体数量一一对应，如图2-26所示。

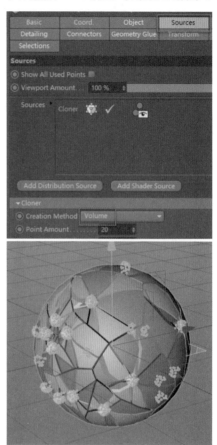

图2-25　设置构建方式

图2-26　设置顶点数量

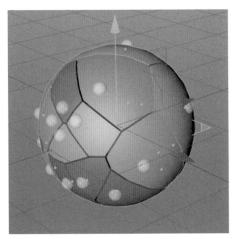

图2-26　设置顶点数量（续）

2.3　刚体动力学

本节将创建刚体动力学动画，使用到的模块是"模拟"菜单中的刚体和引力效果器等。

2.3.1　加载刚体动力学

选中Cloner对象，切换到Collision（碰撞）选项卡，执行菜单栏中的Tags > Simulation Tags > Rigid Body（刚体）命令，Cloner对象右侧出现刚体动力学图标，如图2-27所示。

现在球体表面的小球成为刚体，如果播放动画，球体表面的小球会向下坠落，如图2-28所示。

图2-27　加载刚体动力学

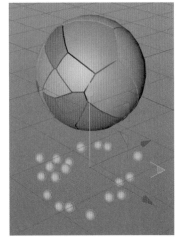

图2-28　小球向下坠落

上述结果并非我们想要的，还需要进一步设置。按Ctrl+D组合键，打开Project（项目）设置面板。在Dynamics（动力学）选项卡中，将Gravity（重力）设置为0 cm，如图2-29所示。

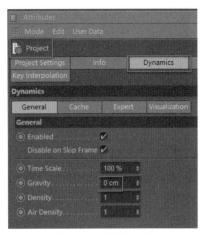

图2-29　设置重力值

再次播放动画，小球的位置将保持不变。

2.3.2 加载引力

在"物体"面板中，选中Cloner对象。执行菜单栏中的Simulate（模拟）> Particles（粒子）> Attractor（引力）命令，加载一个引力效果器。在"物体"面板的Cloner对象上方，会出现一个Attractor效果器，如图2-30所示。

图2-30 加载Attractor效果器对象

现在如果播放动画，会看到所有的小球都被吸引消失了，这是因为所有的克隆物体被视为一个大物体。

在"物体"面板中，单击Cloner右侧的刚体图标，在Collision（碰撞）选项卡中，将Individual Elements（独立元素）设置为Top Level（顶层）模式，如图2-31所示。

图2-31 设置碰撞模式

播放动画，所有的小球将逐渐向球心移动，从球的表面消失，如图2-32所示。

如果在"物体"面板中关闭Voronoi Fracture

对象的显示，视图中的球体将不显示。再次播放动画时，可以清楚地看到小球向球心聚集的动态效果。图2-33所示为几个关键帧画面。

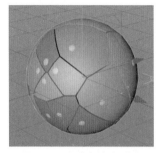

图2-32 小球向球心移动

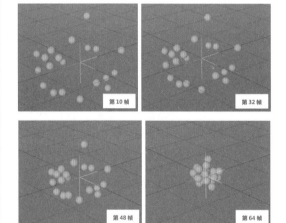

图2-33 小球的动态效果

2.3.3 加载对撞物体

上述效果仍然没有达到要求，需进一步做设置。

在"物体"面板中，打开Voronoi Fracture对象的显示。按Ctrl键，将其下方的Sphere对象复制一个并拖动到Attractor上方，如图2-34所示。

这样就形成了一个球体的副本，这个副本将成为一个对撞机。选择球体对象，在"物体"面板中，执行菜单栏中的Tags > Simulation Tags > Collider Body（碰撞物体）命令，如图2-35所示。

图2-34　复制球体对象

图2-35　创建对撞物体

关闭Voronoi Fracture对象的显示，播放动画，小球会四散飞出。这是因为小球会与对撞物体相交，并被弹射出去，如图2-36所示。

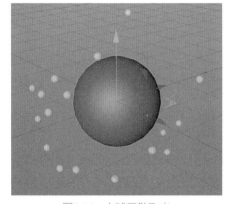

图2-36　小球四散飞出

2.3.4　对撞效果的优化

我们需要在模拟开始之前抵消这些反弹。选中Cloner对象，在Transform属性选项卡中将P.Z参数设置为10 cm。

选中Attarctor效果器，在Object选项卡中将Strength（强度）参数设置为200，如图2-37所示。

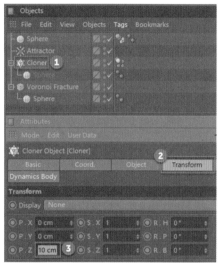

图2-37　设置两个参数

在"物体"面板中，打开Voronoi Fracture对象的显示，关闭最上方Sphere模型的显示。在视图中，球体的每个碎片上都有一个对应的小球，如图2-38所示。

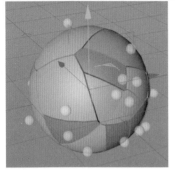

图2-38 两个对象的显示设置

将动画时间线延长到800帧以上，并播放动画，可以看到小球在大球表面移动碰撞，同时其对应的碎片也随之不断地变化。为了使显示效果更好，可以将Cloner对象的显示也关闭，这样小球就不再显示。图2-39所示为几个静帧画面。

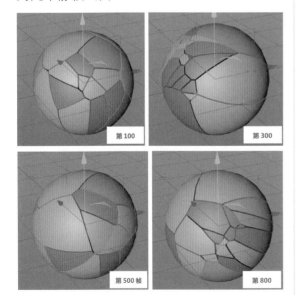

图2-39 关键帧画面

至此动画的效果基本满意。接下来可以根据需要设置一下碎片的数量。设置方法：

选中Cloner对象，在Object选项卡中，设置Count（数量）的参数。图2-40所示为设置数量为80的情形。

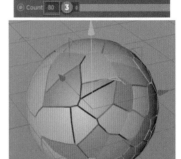

图2-40 设置碎片数量

2.4 材质设定

本节将创建球体的材质，使用到的模块是随机效果器和材质编辑器。

2.4.1 设置随机颜色

在"物体"面板中，选中Voronoi Fracture对象，在Object选项卡中，取消选中Colorize Fragment（碎片着色）复选框。在视图中，球体上碎片随机赋予的颜色将消失，球体将变为纯白色，如图2-41所示。

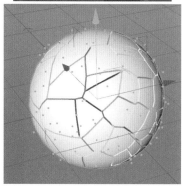

图2-41　取消碎片着色

在"物体"面板中，选中Voronoi Fracture对象，执行菜单栏中的Mograph > Effector > Random（随机）命令，在最上方加载一个随机效果器。在视图中，球体将呈现炸裂状态，如图2-42所示。

上述效果不是我们想要的，还需要进一步设置。选中Random对象，在Parameter选项卡中，取消选中Position右侧的复选框。

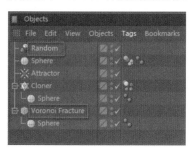

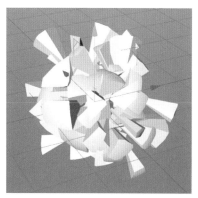

图2-42　加载随机效果器

在Color参数栏中，打开Color Mode（色彩模式）下拉列表，选择Effector Color（效果器颜色）选项，如图2-43所示。

图2-43　设置颜色模式

在视图中，球体表面的碎片呈现出丰富

的颜色，如图2-44所示。

图2-44　五颜六色的碎片

将Blending Mode（混合模式）设置为Subtract（减法）。在视图中，球体上碎片的颜色将形成默认模式的互补色，整体材质显得更明亮，如图2-45所示。

切换到Effector选项卡，将Min/Max参数栏中的Minimum设置为0%。在视图中，球体的整体亮度有所减小，如图2-46所示。

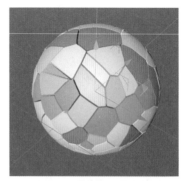

图2-45　颜色的减法模式

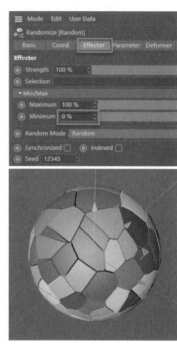

图2-46　调节球体的亮度

2.4.2　材质的编辑

在材质设定面板的空白处双击鼠标，创建一个空白样本球，将其拖动到Voronoi Fracture对象上，为其加载一个材质，如图2-47所示。

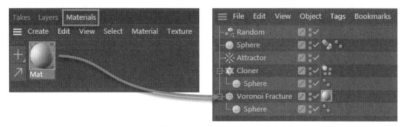

图2-47　加载材质

此时，视图中的球体将显示为默认的白色，如图2-48所示。

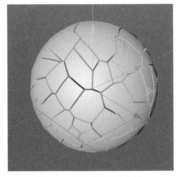

图2-48　球体显示白色

如果单击选中材质按钮，其下方的属性面板将是灰色无法编辑状态，如图2-49所示。

出现这种情况的原因是内场次被锁定覆写了。打开"物体"面板中的Takes（场景）面板，在其下方的Main列表中，在New Takes上单击鼠标右键，在弹出的快捷菜单中执行Delete Takes命令，将该场次删除。再切换到Object选项卡，材质就可以编辑了，如图2-50所示。

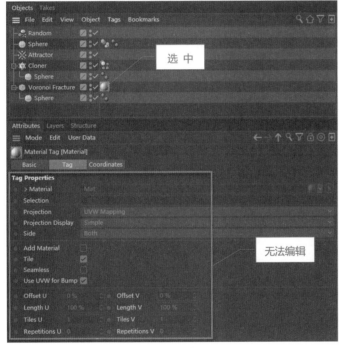

图2-49　材质无法编辑

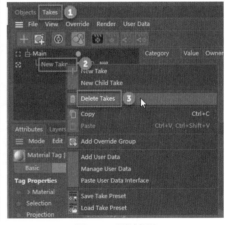

图2-50　删除场次

双击材质样本球，打开材质编辑器面板。在Color节点，打开Texture（贴图）下拉列表，选择MoGraph下方的Color Shader（着色器）选项，如图2-51所示。

在视图中，球体表面碎片再度出现丰富的颜色。但是与图2-46不同，这里显示的颜色已经是一种材质了，材质可以任意编辑设定，如图2-52所示。

另外，还可以将Texture设置为Colorizer（着色）模式，如图2-53所示。

单击Texture右侧的Colorizer按钮，打开设置面板，现在只要编辑渐变色带上的颜色标记点，即可编辑渐变色的形态。对象的数量是可以任意增减的，如图2-54所示。

图2-51　选择贴图模式

图2-52　五颜六色的材质

图2-53　设置为着色模式

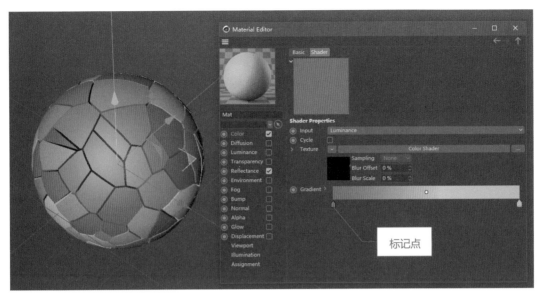

图2-54　编辑渐变色

　　另外，还可以单击Gradient（渐变色）右侧的下拉按钮，打开下方的面板，再单击Load Preset（加载预设）按钮，打开渐变色预设面板，从中选择需要的渐变色模板，从而获取更多配色，如图2-55所示。

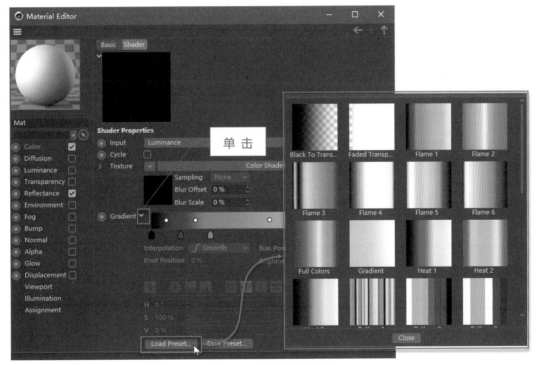

图2-55　载入渐变色模板

　　至此，泰森多边形球体特效制作完成。

第 **3** 章 | 堆积球体

本章讲解一个刚体动力学堆积球体特效动画的创建过程。堆积球体的动态效果是，镜头中心部分不断地喷发出大小不等、材质不同的小球，小球之间不断碰撞、挤压，逐渐堆积成一个大球。图3-1所示为动画中的几个静帧画面。使用到的模块主要有粒子发射器、随机效果器和克隆器等。

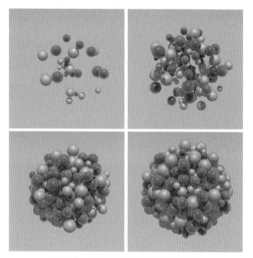

图3-1　堆积球体动态静帧画面

3.1　粒子系统的创建

本节将创建基本的粒子发射系统，主要包括球体创建、克隆器、粒子发射器等。

3.1.1　创建粒子发射器

在工具栏上，点击Cube按钮并按住，在弹出的面板中单击Sphere（球体）按钮，如图3-2所示。

图3-2　创建球体

在视图中的坐标原点上将创建一个球体。在视图菜单栏中，执行Display（显示）> Gouraud Shading (Lines)（光影着色+线条）命令，球体上的多边形边界将着色显示，如图3-3所示。

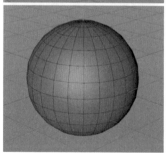

图3-3　设置显示模式

选择球体，切换到Object选项卡，将Radius（半径）设置为10 cm，将Type设置为Icosahedron（二十面体）类型。球体表面将由等边三角形构成，如图3-4所示。

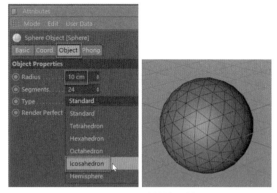

图3-4　设置球体的属性

在"物体"面板中，选中Sphere对象，执行菜单栏中的Simulate（模拟）> Particles（粒子）> Emitter（发射器）命令，在Sphere上方创建一个粒子发射器，如图3-5所示。

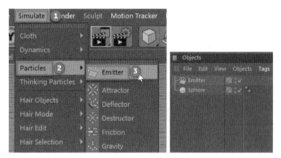

图3-5　创建粒子发射器

单击动画播放按钮，在视图中即可看到粒子发射器喷发粒子的动画，如图3-6所示。

图3-6　粒子喷发动画

3.1.2　粒子发射器的设置

在"物体"面板中，将Sphere拖动到

Emitter下方，使其成为Emitter的子物体。在Particle选项卡中，分别选中Show Objects（显示物体）和Render Instances（渲染实例）右侧的复选框，如图3-7所示。

图3-7　粒子属性设置

在视图中，粒子发射器发射出的粒子被替换成小球，如图3-8所示。

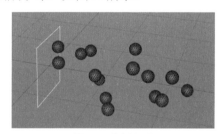

图3-8　发射小球

现在发射出的小球都是朝同一个方向飞行，而我们希望小球是一种四散发射的效果。在"物体"面板中，选中Emitter对象，切换到Emitter选项卡，将Angle Horizontal（水平角度）和Angle Vertical（垂直角度）分别设置为360°和180°，如图3-9所示。

播放动画，粒子将向各个方向发射，如图3-10所示。

目前，默认的粒子发射数量还显得比较稀少，可以加大粒子的生成数量。选中Emitter对象，切换到Particle（粒子）选项卡，将Birthrate Editor（出生率编辑器）设置为100，如图3-11所示。

图3-9　设置发射角度

图3-11　设置粒子生成数量

播放动画，粒子的数量大幅增加，如图3-12所示。

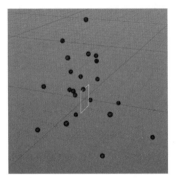

图3-10　粒子向各个方向发射

图3-12　粒子数量增加

3.2　粒子系统的优化

本节将对粒子系统做进一步优化处理，使用到刚体动力学、随机效果器等模块。

3.2.1　粒子动态设置

在"物体"面板中，选中Emitter对象，执行菜单栏中的Tags > Simulation Tags > Rigid Body（刚体）命令，给发射器加载一个刚体模拟，如图3-13所示。

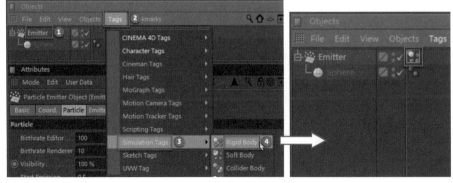

图3-13　加载刚体模拟

播放动画，由于发射器成为刚体，动态效果是发射器一边下坠一边发射粒子，如图3-14所示。

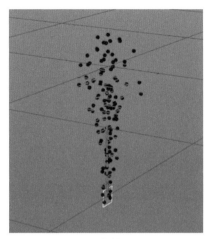

图3-14　发射器下坠

将刚体模拟器拖动到Sphere的右侧，将其加载给Sphere，如图3-15所示。

图3-15　为Sphere加载刚体模拟

播放动画，结果是发射器保持静止不动，发射出来的粒子向下坠落，如图3-16所示。

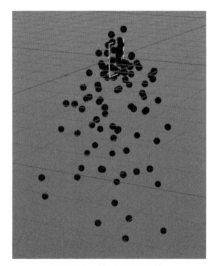

图3-16　粒子向下坠落

3.2.2　创建克隆器

执行菜单栏中的MoGraph（动态图形）>Cloner（克隆器）命令，在Emitter上方创建一个Cloner对象。再将Sphere模型拖动到Cloner下方，如图3-17所示。

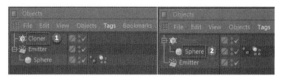

图3-17　创建Cloner对象

选中Cloner对象，切换到Object选项卡，将Mode设置为Object（物体），再将Emitter拖动到Object右侧的对象槽中，如图3-18所示。

图3-18　Cloner属性设置

将Sphere右侧的刚体模拟器拖动到Cloner右侧。单击刚体按钮，切换到Collision（碰撞）选项卡，将Individual Elements（独立元素）设置为Top Level（顶层），如图3-19所示。

图3-19　刚体模拟器设置

图3-19　刚体模拟器设置（续）

Individual Elements（独立元素）：该参数的模式是为自身生成对象（如MoText）的生成器设计的，这取决于物体应该如何碰撞（是独立碰撞还是整体碰撞）。

Top Level（顶层）：每个粒子都是一个单独的碰撞对象。

播放动画，小球从发射器生成，经过挤压和碰撞后向下坠落，如图3-20所示。

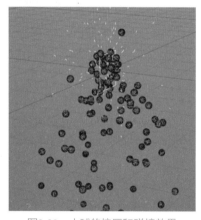

图3-20　小球的挤压和碰撞效果

3.2.3　创建随机效果器

现在，发射出来的小球体积都一样大，显得有点单调。本小节采用随机效果器产生小球的大小变化。

在"物体"面板中，选中Cloner对象，执行菜单栏中的MoGraph > Effector > Random

（随机）命令。在Cloner对象的上方加载一个随机效果器，如图3-21所示。

图3-21　加载随机效果器

选中Random对象，切换到Parameter（参数）选项卡，取消选中Position复选框，再选中Scale和Uniform Scale复选框，将Scale设置为-0.5，如图3-22所示。

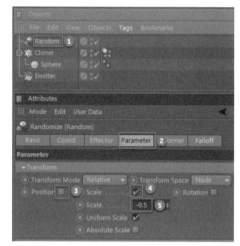

图3-22　Random参数设置

Uniform（均匀）：克隆将在所有方向上均匀缩放。否则，可以单独定义每个方向上的缩放。

播放动画，发射出来的球体带有随机的大小变化，显得更加真实有趣，如图3-23所示。

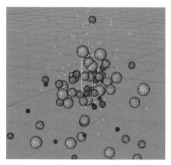

图3-23　粒子大小随机变化

但是，我们不需要这些球体的重力，如果小球不向下坠落，而是不断堆积，这样才能形成一个更大的球。

按Ctrl+D组合键，打开Project（项目）面板，在Dynamics（动力学）选项卡的General（通用）面板中，将Gravity（重力）设置为1 cm，如图3-24所示。

图3-24　设置重力值

播放动画，小球不再向下坠落，而是朝四面八方发射，如图3-25所示。

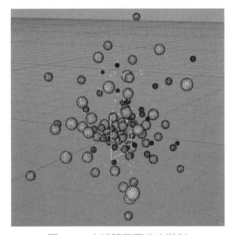

图3-25　小球朝四面八方发射

选中Emitter对象，切换到Particle选项卡，将Speed（速度）设置为1 cm。选中刚体图标，切换到Force（力）选项卡，将Follow Position（跟随位置）设置为1，如图3-26所示。

Follow Position设置是动力学和传统时间轴动画的组合。如果将每个值都设置为0，则

将忽略任何现有关键帧动画，并且只有动力学会产生效果。

图3-26　设置速度和位置参数

播放动画，小球不再四处飞散，而是不断堆积在一起，互相挤压、碰撞，逐渐形成一个大球，如图3-27所示。

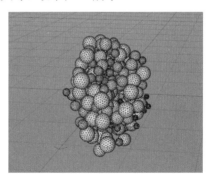

图3-27　小球堆积形成大球

3.2.4　堆积效果的优化

在3.2.3节我们已经生成了球体堆积动画，但是图3-27中堆积形成的大球并不是一个完美的球体，两侧的小球还比较少。原因是发射器是扁平的，不是从一个点发射出来的，因此还需要进一步优化设置。

选中Emitter对象，切换到Emitter选项卡，将X-Size和Y-Size的参数均设置为1 cm，如图3-28所示。

图3-28　设置"发射器"参数

X -Size、Y -Size分别给出发射器的大小。另外，也可以通过选择缩放工具并在视图中拖动来缩放发射器。

经过上述设置，发射器的发射方式从面发射改成了点发射，发射得更加均匀。再次播放动画，小球逐渐堆积成了一个完美的大球，如图3-29所示。

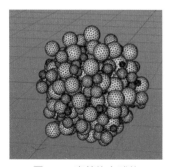

图3-29　完美的大球体

3.3　渲染和材质

本节将创建粒子的材质，并做渲染设置，最后解决渲染显示问题。

3.3.1　随机材质设定

目前，粒子堆积成的球体还没有材质，只是一种默认的白色。如果需要小球呈现不同的材质，可以从几个方面来设置，最简单的一种方法是在随机效果器中设定随机材质。

在"物体"面板中，选中Random效果器，切换到Parameter（参数）选项卡，在Color参数栏中，将Color Mode设置为On（打开），即可开启随机颜色。视图中的小球呈现出随机颜色分配，如图3-30所示。

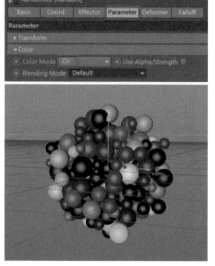

图3-30　小球呈现随机颜色

接下来，还可以在Blending Mode（混合模式）列表中设置不同的混合模式。

Add（加）、Subtract（减）、Multiply（乘）：颜色可以加、减或乘。

Divide（分割）：克隆的颜色将通过效

果器颜色按组件进行分割。

图3-31所示为Add和Subtract模式的对比。

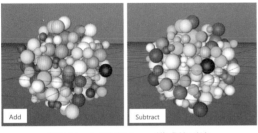

图3-31　Add和Subtract模式的对比

3.3.2　手动材质设定

在3.3.1节我们虽然制作出了小球五彩缤纷的颜色，但是这种颜色是随机生成的、不可控的。由于这里生成的只是一种颜色，不能进一步编辑材质，因此不是最好的解决方案。本小节讲解一种可以手动控制的材质设定。

首先，在Random（随机）属性面板中，将Color Mode设置为Off（关闭），将随机颜色关闭。

在"物体"面板中，将Cloner右侧的刚体按钮拖动到Sphere右侧，如图3-32所示。

图3-32　复制刚体模拟

按Ctrl键，拖动Sphere模型，将其放到Cloner下方，将Sphere模型复制出一个副本，成为其子物体。副本会自动重命名为Sphere.1，如图3-33所示。

图3-33　复制Sphere模型

将两个Sphere右侧的默认材质删除，如图3-34所示。

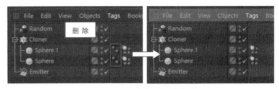

图3-34　删除默认材质

现在小球的克隆已经由两个Sphere构成，可以对两个克隆单独赋予材质，形成两种不同颜色的小球。

在材质编辑面板，执行菜单栏中的Create（创建）> Load Materials（加载材质）命令，如图3-35所示。

图3-35　"加载材质"命令

打开Open File窗口，打开配套资源包中的MercyMat材质文件，如图3-36所示。

图3-36　打开材质文件

材质编辑区将加载MercyMat材质样本球，如图3-37所示。

图3-37　加载MercyMat材质样本球

根据需要，在样本球中选择两种不同材质分别赋予两个Sphere球体模型，如图3-38所示。

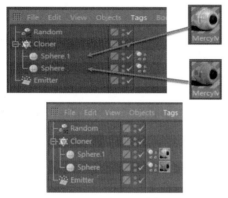

图3-38 赋予不同材质

视图中，小球呈现两种不同的材质，如图3-39所示。

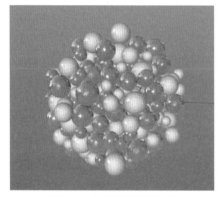

图3-39 小球呈现两种材质

这种材质设定的好处是，可以任意编辑每种材质的属性，比如颜色、高光、反射、透明度等。用户只需要在材质编辑面板中双击打开对应的材质样本球，即可在材质编辑器中进行编辑。如果有需要，还可以重复本小节的操作，复制出更多的Sphere模型并赋予材质。

3.3.3 缓存设定

如果单击工具栏上的Render To Picture Viewer（在图片查看器中渲染）按钮，渲染透视图，就会发现一个奇怪的现象，渲染出来的图片和视图中看到的小球相差很多，如图3-40所示。

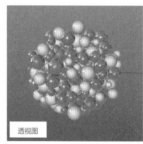

图3-40 渲染图和透视图对比

要想解决上述问题，需要使用MoGraph缓存。在"物体"面板的Cloner对象上单击鼠标右键，在弹出的快捷菜单中选择MoGraph Tags > MoGraph Cache（动态图形缓存）命令，在Cloner右侧添加一个缓存图标，如图3-41所示。

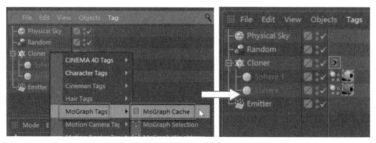

图3-41 加载MoGraph缓存

MoGraph Cache用于烘焙克隆的移动，同时考虑所有应用的效果器（必须将其指定给这些对象）。

单击缓存图标，切换到Build（创建）选
项卡，单击Bake（烘焙）按钮，对场景做烘
焙处理。这时会有一个MoGraph Cache进程条
显示烘焙进程，如图3-42所示。

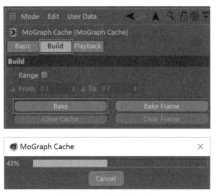

图3-42　烘焙处理

场景经过烘焙处理，所有对象的位置、

旋转和大小信息都会在内部保存。今后再播
放动画时无须逐帧计算。再次渲染场景，所
有的球体模型都得以呈现，如图3-43所示。

图3-43　所有小球都被渲染

本案例到此全部制作完成。

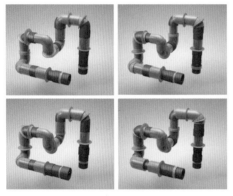

第 **4** 章 ┃ 动态管道

本章讲解一个动态管道特效动画的创建过程。管道上的彩色管件会在管道上随机滑动，同时每段圆管的直径还会随机变化。图4-1所示为动画的几个静帧画面。

图4-1　动态管道动画的静帧画面

该案例使用到的模块主要有样条线绘制、克隆器、步进、着色效果器等。

4.1　模型创建

本节将设定动画渲染参数、绘制管道中心线、生成管道模型。

4.1.1　场景设定

单击工具栏上的"渲染设置"按钮，打开Render Settings（渲染设置）对话框，将输出的尺寸设置为Width=1920，Height=1080。将Frame Rate（帧速率）设置为24帧/秒，如图4-2所示。

图4-2　设置分辨率和帧速率

按Ctrl+D组合键，打开项目面板，在Project Settings（项目设置）选项卡中将FPS（帧速率）设置为24，如图4-3所示。

图4-3　设置项目帧速率

在动画控制区，将动画长度设置为120帧。按照24帧的速率，动画时长为5秒，如图4-4所示。

图4-4　设置动画长度

4.1.2　绘制管道中心线

创建管道模型时，要先创建管道中心线。中心线采用钢笔工具绘制。为了方便绘制，需要用到捕捉吸附功能，首先设置捕捉方式和类型。

在左侧工具栏上点击Snap（捕捉）按钮并按住，在弹出的捕捉面板中激活Enable Snap（打开捕捉）、Auto Snapping（自动吸附）、Workplane Snap（工作平面吸附）和Grid Point Snap（网格点吸附）等四个选项，如图4-5所示。

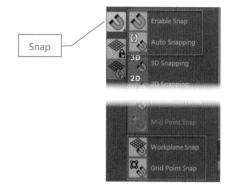

图4-5　吸附设置

单击工具栏上的Pen（钢笔）按钮，在四个视图中捕捉网格点，绘制一条空间折线，如图4-6所示。

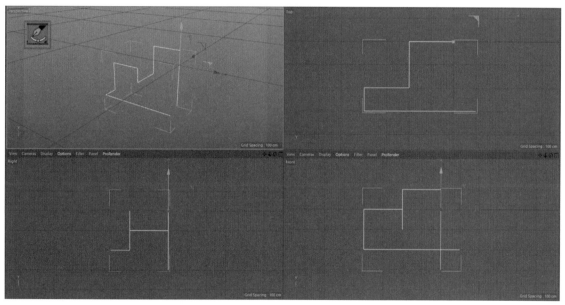

图4-6　绘制空间折线

如需对折线做修改、编辑，可以单击左侧工具栏上的Point（点）按钮，进入顶点编辑模式。在视图中，选中需要编辑的顶点，修改其位置，从而改变折线的形态。

4.1.3　创建管道

在工具栏上点击Cube（立方体）按钮并按住，在弹出的面板中单击Tube（圆管）按钮，在视图中的原点位置创建一个圆管模型，如图4-7所示。

修改管道的外形。选中管道，切换到Object选项卡，将Inner Radius（内径）和Outer Radius（外径）分别设置为19 cm和25 cm。视图中的管道外形如图4-8所示。

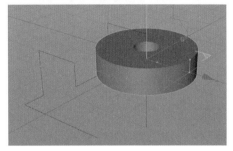

图4-7　创建圆管模型

图4-9　创建Cloner对象

图4-8　修改管道尺寸

4.1.4 复制管道

执行菜单栏中的MoGraph（动态图形）>
Cloner（克隆）命令，创建一个Cloner对象。
将Tube拖动到Cloner下方，成为其子物体，
如图4-9所示。

在"物体"面板中，选中Cloner对象，
切换到Object选项卡，将Count（数量）设置
为20，P.Y设置为105 cm，如图4-10所示。

图4-10　设置克隆参数

在视图中，圆管被复制出20个，沿Y轴
向排列，总高度为105cm，如图4-11所示。

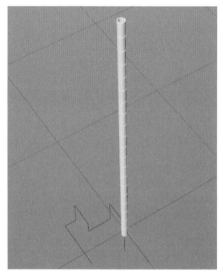

图4-11　复制圆管

复制Tube模型。在"物体"面板中，选
中Tube模型，按Ctrl键拖动该对象并释放鼠

标，复制出一个Tube.1。按此方法，再复制一个Tube.2，如图4-12所示。

图4-12　复制两个Tube对象

在材质编辑面板中创建三个材质球，编辑出三种不同的颜色，分别将其赋予"物体"面板中的三个Tube模型，如图4-13所示。

图4-13　赋予管道材质

视图中的管道会出现三种颜色交替阵列的情况，如图4-14所示。

图4-14　三种颜色交替的管道

4.1.5　变形管道

本小节将对管道做变形处理，包裹在管道中心线上，形成弯曲的管道。

加载变形器。点击工具栏上的Bend（弯曲）按钮并按住，在弹出的面板中单击Spline Wrap（样条线包裹）按钮，如图4-15所示。

图4-15　单击样条线包裹按钮

在视图中，出现一个变形器图标。"物体"面板最上方出现一个Spline Wrap变形器，如图4-16所示。

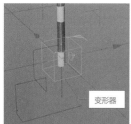

图4-16　加载变形器

选中"物体"面板中的Cloner对象，按Alt+G组合键，创建一个集合，默认名称为Null。为了方便管理，将其重命名为pipe，如图4-17所示。

将Spline Wrap拖动到pipe下方，使其成为pipe的子物体。在视图中，生成的变形管道出现了错误的结果，如图4-18所示。

图4-18出现错误的变形结果，是因为变形的轴向选得不对，修改一下变形轴向即可

出现正确的结果。选中Spline Wrap，切换到Object选项卡，将Axis（轴向）设置为+Y。在视图中，管道将沿着钢笔线条变形，如图4-19所示。

图4-17　创建集合并重命名

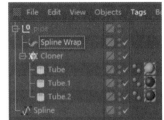

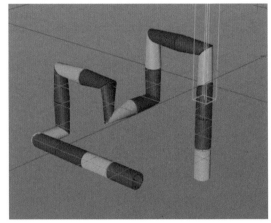

图4-19　管道正确变形

4.2　编辑管道

在4.1节完成了管道的基础建模，本节将对管道模型进一步优化处理。

4.2.1　管道的圆角处理

观察图4-19，会发现管道的变形虽然正确，但是转角处都是直角，显得很生硬，最好能处理成圆角，会显得圆润、美观，动画效果也更好。

要想使管道变为圆角，首先需要把中心线的转角编辑成圆角进行过渡。为了方便观察和编辑，先关闭其他模型的显示。在"物

图4-18　错误的变形结果

体"面板中，将Spline Wrap和几个Tube的功能全部关闭。在视图中，只显示管道中心线，如图4-20所示。

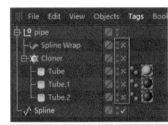

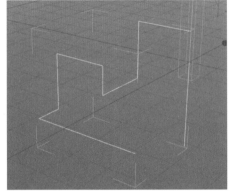

图4-20　显示管道中心线

选中Spline样条线，单击左侧工具栏上的Point（点）按钮，进入顶点编辑模式。选中管道中心线转角处的顶点，如图4-21中红圈处所示。

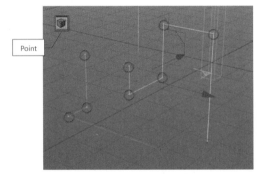

图4-21　选中转角处顶点

在视图中，单击鼠标右键，在弹出的快捷菜单中选择Chamfer（倒角）命令，如图4-22所示。

将几个转角处的直角转换为圆角，半径为40 cm，如图4-23所示。

图4-22　选择倒角命令

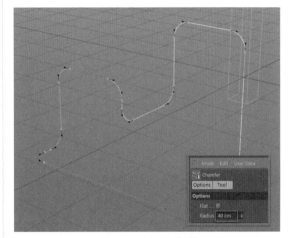

图4-23　倒圆角处理

在"物体"面板中，打开所有物体的显示，如图4-24所示。转角处的管道已经呈现一定的圆角效果，但是仍然不理想。

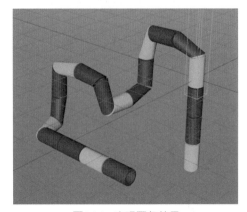

图4-24　出现圆角效果

执行视图菜单中的Display（显示）>Gouraud Shading(Lines)（光影着色+线条）命令，显示模型表面的结构线。用户可以看到，每个圆管在高度方向上没有任何分段，因此根本无法产生弯曲效果，如图4-25所示。

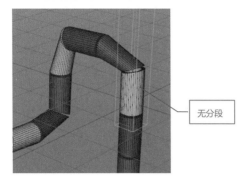

图4-25　圆管高度无分段

在"物体"面板中，将三个Tube对象同时选中，切换到Object选项卡，将Height Segments（高度分段）设置为30。由于高度上的分段足够多，圆管的弯曲效果非常理想，如图4-26所示。

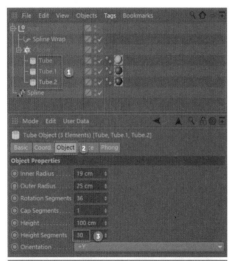

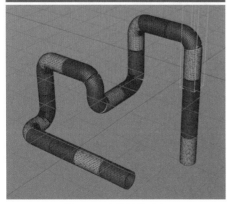

图4-26　弯曲效果良好

4.2.2　管道的长度处理

在图4-1的静帧画面中，圆管的长度是不一样的，这个效果可以通过设置不同的高度得到。

分别选中三个Tube对象，在Object选项卡中修改Height（高度）参数，使三个参数不一致，具体数值可根据需要设置，从而产生不同高度的圆管，如图4-27所示。

图4-27　设置不同的圆管高度

再适当地调整Cloner对象Object选项卡中的Count（数量）参数，设置圆管的数量，如图4-28所示。

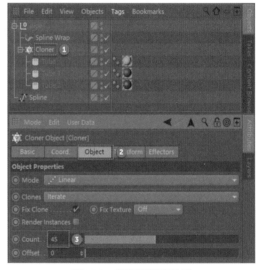

图4-28　设置圆管的数量

这样即可得到长短不一的圆管，如图4-29所示。

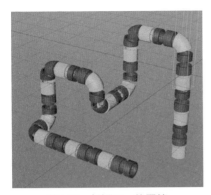

图4-29　长短不一的圆管

4.2.3　Python 脚本的使用

目前，圆管虽然做到了长短不一，但是每个圆管之间都留有间隙。用户可以使用第三方的Python程序脚本来解算，自动弥合圆管之间的空隙。

执行菜单栏中的File（文件）>Merge...（合并）命令，将配套资源包中"第4章 动态管道"文件夹中的pile_up_effector.c4d脚本文件合并到当前，如图4-30所示。

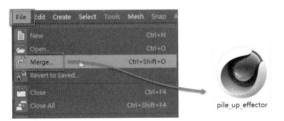

图4-30　合并脚本文件

在"物体"面板的最上方出现一个Pile Up程序脚本，如图4-31所示。

图4-31　Pile Up对象

打开Cloner对象的Effectors选项卡，将

Pile Up效果器拖动到Effectors右侧的对象槽中，如图4-32所示。

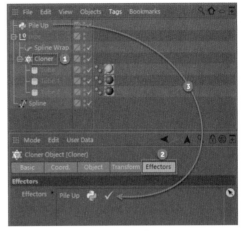

图4-32　加载效果器

在视图中，圆管之间的间隙都被填充，如图4-33所示。

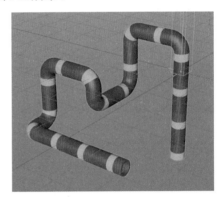

图4-33　圆管之间没有空隙

如果需要在每个圆管之间留有一定的间隙，使其更具立体感，可以在Pile Up对象的Settings选项卡中将Gap（间隙）的参数适当地调高，如图4-34所示。

圆管之间出现小小的间隙，这样可以看到圆管的端面和管壁的厚度，立体感更强，如图4-35所示。

接下来，可以在圆管端面的边缘加一点倒角，使其看起来更加精致。在"物体"面板中，将Spline Wrap暂时关闭，同时选中三个Tube对象。切换到Object选项卡，选中

Fillet（倒角）复选框，激活倒角参数。修改
Segments（分段）和Radius（半径）的参数，
如图4-36所示。

图4-34　设置间隙

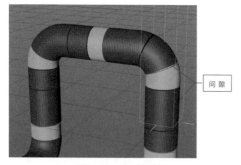

图4-35　生成间隙

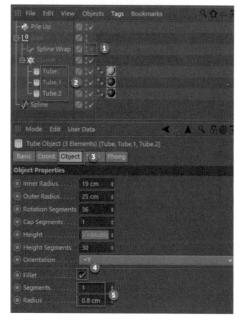

图4-36　设置倒角参数

在视图中，所有的圆管端面两侧的边
缘都生成了倒角效果，使模型看上去更加精
致、美观，如图4-37所示。

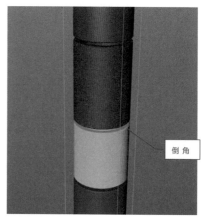

图4-37　生成倒角

4.3　制作动画

在4.2节完成了管道模型的编辑，建模部
分已经基本完成。本节将对管道模型做动画
设置，并使用着色效果器制作动画。

4.3.1　Shader 效果器

执行菜单栏中的MoGraph > Effector >
Shader（着色器）命令，在"物体"面板的
顶部加载一个Shader效果器，如图4-38所示。

Shader效果器主要使用纹理的灰度值来
变换克隆。因此，需要以某种方式将纹理投
影到克隆上。UV映射用于代替材质标记。
图4-39所示是一种典型的应用场景。

在"物体"面板中，选中Cloner对象，
切换到Effectors选项卡，将Shader拖动到
Effectors右侧的效果器列表中，如图4-40所示。

在视图中，圆管会发生比例上的变化，
直径变大，如图4-41所示。

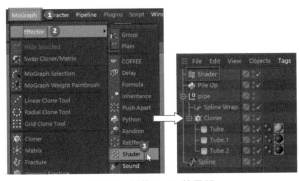

图4-38　加载Shader效果器

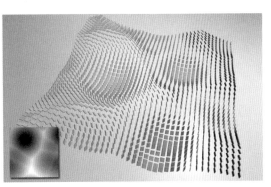

图4-39　Shader效果器的应用

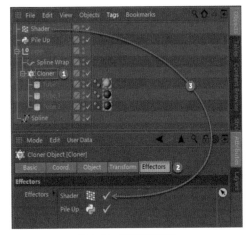

图4-40　设置效果器

图4-42　设置Y轴向长度

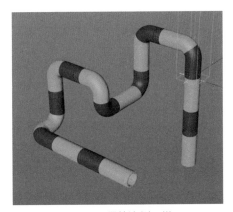

图4-43　圆管比例正常

4.3.2　Shader 动画

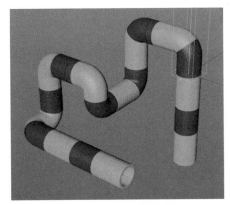

图4-41　圆管直径发生变化

选中Shader效果器，切换到Parameter（参数）选项卡，取消选中Uniform Scale（均匀比例）复选框，适当调节S.Y的参数，使圆管拉长，如图4-42所示。

在视图中，圆管的长度和比例恢复正常，如图4-43所示。

选中Shader效果器，切换到Shading（明暗）选项卡，单击Shader右侧的箭头，打开下拉列表，选择Noise（噪波）选项，如图4-44所示。

单击Noise按钮，打开设置面板，将Animation Speed（动画速度）设置为1，Loop Period（循环周期）设置为5，如图4-45所示。

图4-44 选择Noise选项

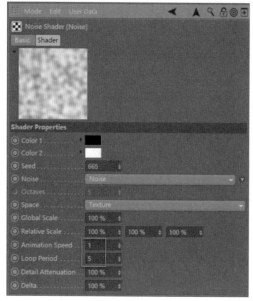

图4-45 设置Noise参数

Loop Period（循环周期）设置为5的原因是，最初设置的动画时长是120帧，帧速率是24，所以120帧恰好循环播放5次。

现在播放动画，圆管有动画，但是效果并不太理想。

4.3.3 动画的优化

本小节将对管道的外形和动画做优化处理。

首先设置圆管的直径，使不同颜色的圆管具有不同的直径，让效果看上去更好。

选择Shader效果器，切换到Parameter选项卡，设置S.X、S.Y和S.Z的参数。改变三个

轴向的比例，如图4-46所示。

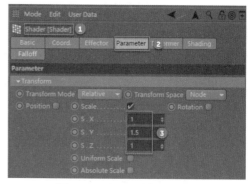

图4-46 设置三个轴向的比例

在视图中，圆管出现了不同的直径，效果更加丰富，如图4-47所示。

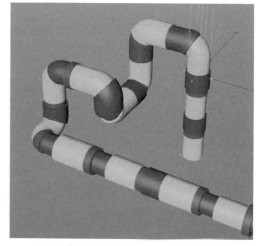

图4-47 管道直径发生变化

下面再给圆管的长度增加一些随机变化的效果。选中Cloner对象，切换到Object选项卡，打开Clones下拉列表，选择Random（随机）选项，如图4-48所示。

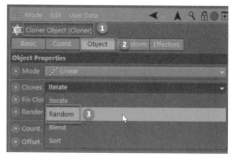

图4-48 加载随机属性

圆管的长度出现随机变化，效果更佳，如图4-49所示。

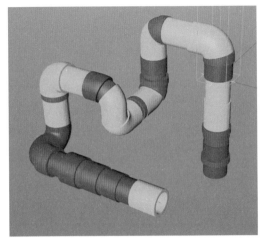

图4-49 圆管的随机长度

另外，还可以在Cloner对象的Object选项卡中，设置不同的Seed（种子）数值，获得不同的长度组合，如图4-50所示。

图4-50 设置种子值

4.3.4 加入圆环

为了使动画更美观，还可以在路径上添加其他模型。例如，可以加入圆环。

单击主工具栏上的Cube按钮，在弹出的面板中单击Torus（圆环）按钮，如图4-51所示。

图4-51 选择圆环命令

将Torus拖动到Cloner的下方，成为其子物体，切换到Object选项卡，设置Ring Radius（圆环半径）和Pipe Radius（圆管半径）的参数，如图4-52所示。

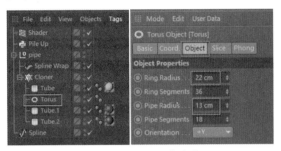

图4-52 设置圆环的参数

在视图中，路径曲线上出现圆环模型，动画更美观，如图4-53所示。

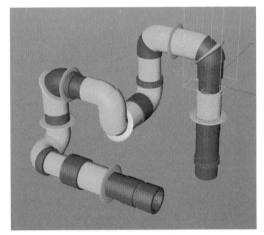

图4-53 生成圆环模型

最后，可以根据需要给圆环模型也赋予一个材质，完成动画部分的制作，如图4-54所示。

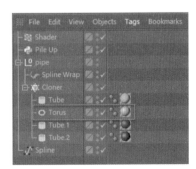

图4-54 为圆环加载材质

至此，动态圆管特效动画制作完成。播放动画，可以看到有趣的动画特效。图4-55所示为圆管动画的几个静帧画面。

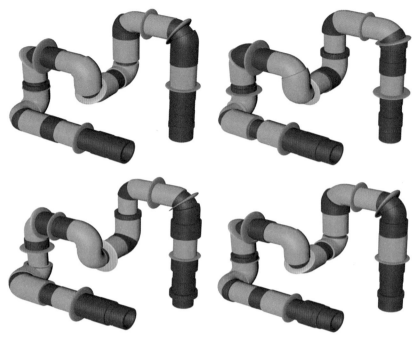

图4-55　动画静帧画面

第5章 | 碰撞的金块

本章讲解一个刚体动力学碰撞动画的创建过程。一个大金块晃动下落，几个小金块从天而降，在大金块上砸出凹坑。图5-1所示为该动画的几个静帧画面。

图5-1　碰撞金块静帧画面

本案例使用到的模块主要有吸引子、刚体动力学、细分、金属材质设置等。

5.1 大立方体动力学设置

本节创建作为大金块的立方体，并设置其动画和动力学属性。

5.1.1 引力装置

单击工具栏上的Cube按钮，在视图中的坐标原点上生成一个立方体，如图5-2所示。

选中"物体"面板中的Cube模型，执行菜单栏中的Tags > Simulation Tags > Soft Body（柔体）命令，给Cube模型加载一个柔体动力学，如图5-3所示。

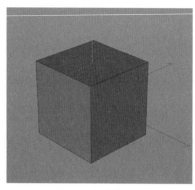

图5-2　创建立方体

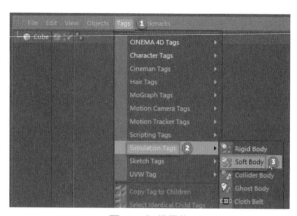

图5-3　加载柔体

播放动画，立方体会向下坠落，如图5-4所示。

执行菜单栏中的Simulate > Particles > Attractor（引力）命令，在"物体"面板上加载一个Attractor修改器，如图5-5所示。

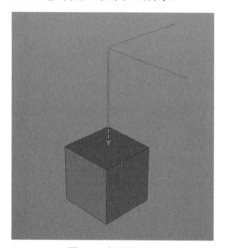

图5-4　立方体下坠

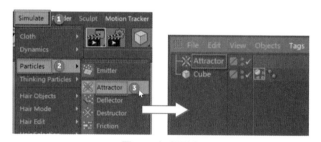

图5-5　加载引力

在"物体"面板中，选中Soft Body，切换到Force选项卡，将Force Mode设置为Include模式。将Attractor拖动到Force List右侧的对象列表中，如图5-6所示。

选中Attractor修改器，切换到Object选项卡，将Strength（强度）设置为100000，将Speed Limit（速度限制）设置为200 cm，将Mode设置为Force模式，如图5-7所示。

播放动画，可以看到立方体缓慢下坠了大约200 cm，然后停下来，如图5-8所示。

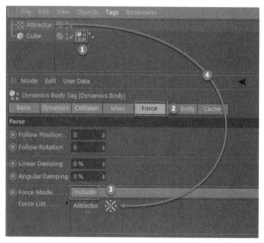

图5-6　柔体动力学设置

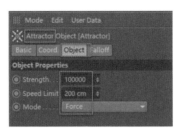

图5-7　设置引力参数

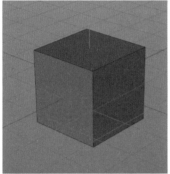

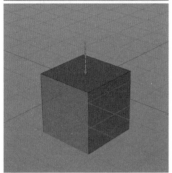

图5-8　立方体下坠

5.1.2　动画的优化

本小节优化立方体的动画，将使用振动标签。

在"物体"面板中选中Attractor修改器，按Alt+G组合键，创建一个群组，如图5-9所示。

图5-9　创建群组

选中Null，执行菜单栏中的Tags > CINEMA 4D Tags > Vibrate（振动）命令，如图5-10所示。

图5-10　加载振动

选中Vibrate对象，切换到Tag选项卡，选中Enable Position复选框，将Amplitude（振幅）的参数均设置为100 cm，将Frequency（频率）设置为1，如图5-11所示。

图5-11　振动参数设置

播放动画，立方体呈现翻滚跌落的动态，较5.1.1节的效果更加有趣，如图5-12所示。

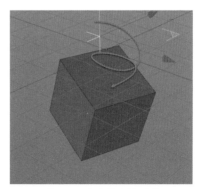

图5-12　立方体翻滚跌落

立方体出现翻滚跌落动态虽然有趣，但

并非我们所需要的，还需进一步优化。

单击柔体按钮，在Force选项卡中，将Follow Position（跟随位置）设置为1，Follow Rotation（跟随转动）设置为10，如图5-13所示。

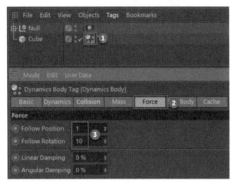

图5-13　柔体参数设置

播放动画，立方体呈现边晃动边坠落的动态，符合我们的要求，如图5-14所示。

图5-14　立方体晃动坠落

5.2　小立方体动力学设置

本节创建从天而降的小金块模型和它们的动力学设置。

5.2.1　小立方体的创建

单击主工具栏的"Cube"按钮，在视图中的坐标原点上，生成一个默认大小的立方体。使用移动工具将新创建的立方体垂直向上拖动，使两个立方体拉开一定距离。如图5-15所示。

图5-15　复制立方体

按工具栏上的Scale（缩放）按钮，将复制出来的立方体等比例缩小到30%，如图5-16所示。

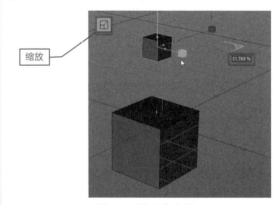

图5-16　缩小立方体

采用相同的方法，再复制一个小立方体，如图5-17所示。

为了方便后面的碰撞并跌落的动画，小立方体应该与大立方体的位置稍微错开。在Top（顶）视图中，编辑两个小立方体的位置，使它们处于大立方体的边缘位置，如图5-18所示。

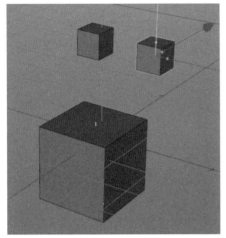

图5-17　复制小立方体

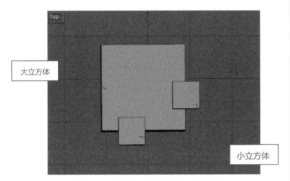

图5-18　立方体之间的位置关系

5.2.2　小立方体的动力学设置

在"物体"面板中，同时选中Cube.1和Cube.2模型，按Alt+G组合键，将它们组成一个集合，将其命名为falling，如图5-19所示。

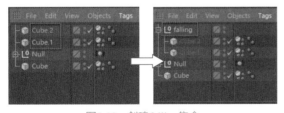

图5-19　创建falling集合

选中falling集合，执行菜单栏中的Tags > Simulation Tags > Rigid Body（刚体）命令，

如图5-20所示。

现在如果播放动画，会出现非常奇怪的动态，说明还需要进一步设置。

图5-20　加载刚体模拟

单击falling右侧的"刚体"图标，切换到Collision选项卡，从Inherit Tag下拉列表中选择Apply Tag to Children选项，如图5-21所示。

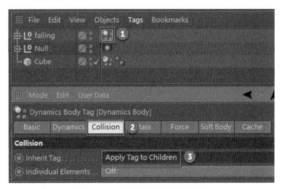

图5-21　设置刚体碰撞属性

播放动画，大、小立方体之间出现了动力学碰撞，但是小立方体会落入大立方体之内，如图5-22所示。

上面的立方体碰撞效果仍不理想，还需进一步设置。单击falling右侧的"刚体"图标，切换到Force选项卡，将Null下方的Attractor拖动到Force List（能量列表）右侧的列表中，如图5-23所示。

播放动画，小立方体下落后，与大立方体发生碰撞，然后向下坠落，如图5-24所示。动态效果基本满意。

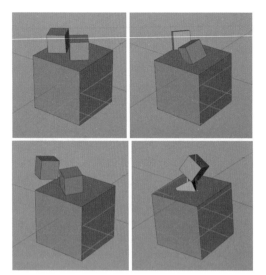

图5-22 立方体之间的碰撞

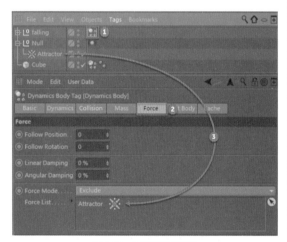

图5-23 设置能量属性

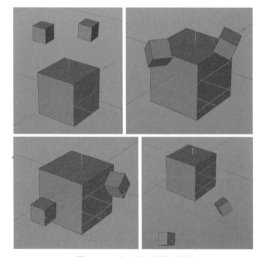

图5-24 立方体碰撞动画

5.2.3 立方体的属性设置

下面要处理立方体之间碰撞后产生的凹陷，但是目前大立方体的分段数值是默认的1，因此无法产生变形。

选中Cube模型，切换到Object选项卡，将Segments X /Segments Y /Segments Z的分段都设置为12。在视图中，大立方体三个维度表面呈现出12个分段，如图5-25所示。

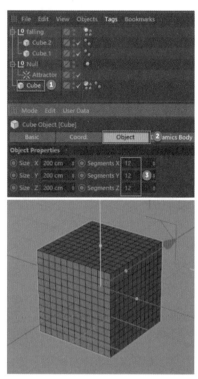

图5-25 增加立方体的分段

播放动画，大立方体出现向内部坍缩的情况，不符合要求，如图5-26所示。

单击柔体按钮，切换到Soft Body选项卡，在Shape Conservation（形状保持）参数栏，将Stiffness（刚度）设置为400，如图5-27所示。

播放动画，由于刚度大幅度增加，立方体不再坍缩，保持了原来的形状，如图5-28所示。

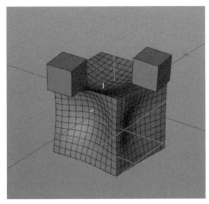

图5-26　立方体坍缩

图5-27　设置刚度参数

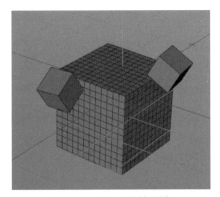

图5-28　立方体保持刚性

但是，大立方体被小立方体碰撞后的凹陷还没有得到体现。在Shape Conservation（形状保持）参数栏中将Elastic Limit（弹性限度）设置为1 cm，如图5-29所示。

播放动画，小立方体碰撞过的地方已经留下了凹陷，如图5-30所示。

图5-29　修改弹性参数

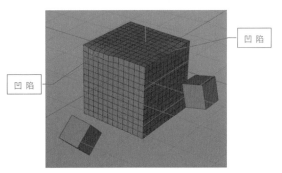

凹陷

凹陷

图5-30　立方体上的凹陷特效

5.2.4　小立方体的属性设置

在5.2.3节已经做出了大立方体上碰撞凹陷的特效，但是凹痕还不够明显，需要进一步优化。要想使凹痕加深，可以考虑加大小立方体的质量。在相同情况下，质量越大，对大立方体产生的冲击力就越大，形成的凹痕就会越深。

单击柔体按钮，切换到Mass选项卡，打开Use右侧的下拉列表，选择Custom Mass（自定义质量）选项，再为Mass（质量）设置一个合适的数值，例如4，如图5-31所示。

播放动画，小立方体碰撞形成的凹痕非常明显，如图5-32所示。

Mass（质量）的参数也不宜过大，如果太大，会出现过于夸张的错误结果。

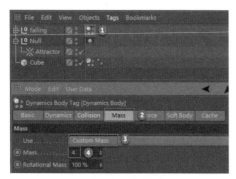

图5-31　设置小立方体质量

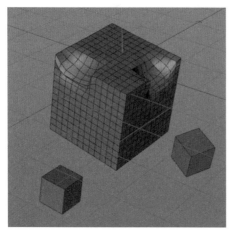

图5-32　撞击形成明显凹痕

5.2.5　立方体的细分

在5.2.4节已经把立方体碰撞的凹痕效果设置完成。由于大立方体表面的多边形分段还不够多，因此凹痕还显得比较粗糙，还需要进一步优化处理。

单击工具栏上的"细分"按钮，创建一个（细分）对象。将Cube置于Subdivision Surface（细分表面）之下，成为其子物体，如图5-33所示。

图5-33　加载细分对象

在细分的默认参数下，大立方体的多边形面数增加了16倍，如图5-34所示。

图5-34　立方体细分前后对比

小立方体碰撞之后形成的凹痕非常光滑细腻，如图5-35所示。

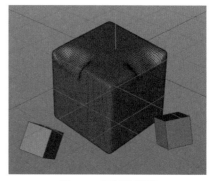

图5-35　细腻的凹痕

最后，还可以复制出几个小立方体，并为它们设置不同的高度、位置和角度，形成更加有趣的碰撞动画，如图5-36所示。

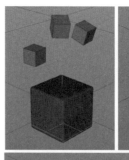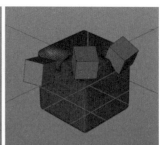

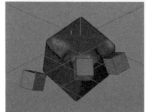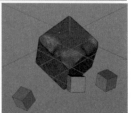

图5-36　动画截图

5.3　金属材质的设定

本节创建一种金黄色带有反射属性的金属材质。

5.3.1　颜色的编辑

在材质编辑面板中，双击鼠标左键，创建一个空白样本球，双击样本球，打开材质编辑器。首先将材质命名为Gold，在左上角的样本球上单击鼠标右键，在弹出的快捷菜单中选择Cube命令，如图5-37所示。

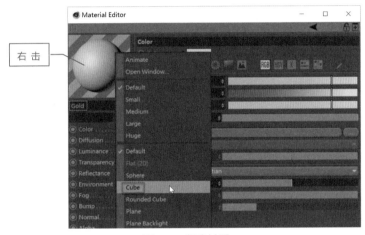

图5-37　创建材质

经上述设置，样本示例窗口中的模型被切换成了立方体，如图5-38所示。由于我们要为立方体设置材质，将样本模型设置为立方体，便于观察材质效果。

图5-38　切换样本模型

单击材质面板左侧的Color对象，在右侧的设置面板中，将颜色模式切换为RGB，输入RGB参数，设置成咖啡色，如图5-39

所示。

图5-39　设置咖啡色

5.3.2　反射参数的设置

选中启用Reflectance（反射）对象，在右侧面板中单击Add（加载）按钮，在弹出的菜单中选择Reflection(Legacy)命令，如图5-40

所示。

切换为Reflection(Legacy)模式，单击上方的Layer 1按钮，在Layer 1面板中，将Attenuation（衰减）设置为Metal（金属）模式，如图5-41所示。

打开Shader面板，编辑一种黄色到浅黄色的渐变色，具体参数设置如图5-44所示。最后单击材质编辑器最上方的回退按钮，回到上一个层级。

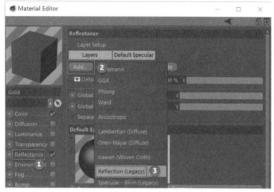

图5-40　反射参数设置

图5-43　单击颜色示例按钮

图5-41　设置衰减类型

在Layer Color参数栏，单击Texture（贴图）右侧的箭头，在弹出的菜单中选择Surfaces > Metal命令，如图5-42所示。

图5-42　设置反射贴图类型

随即切换为Metal面板，单击颜色示例按钮，如图5-43所示。

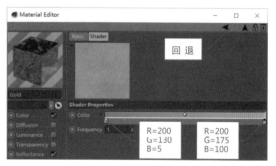

图5-44　编辑渐变色

5.3.3 凹凸贴图的设置

在Layer Color参数栏，单击Texture右侧的箭头，在弹出的菜单中选择Copy Shader（复制着色器）命令，如图5-45所示。

选中启用Bump（凹凸贴图）对象，在其设置面板中，单击Texture右侧的箭头，在弹出的菜单中选择Paste Shader（粘贴着色器）命令，将反射对象的着色器粘贴过来，如图5-46所示。

将Strength（强度）设置为10%，如图5-47所示。

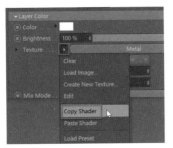

图5-45　复制着色器命令

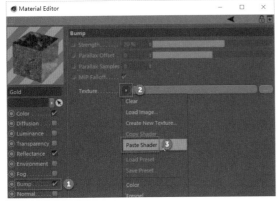

图5-46　粘贴着色器

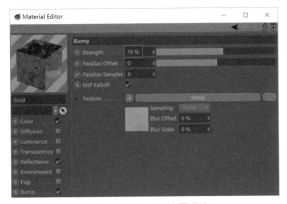

图5-47　设置凹凸贴图强度

最后，把金色材质赋予大立方体和三个小立方体，完成材质设置，如图5-48所示。

图5-48　材质设置

金色材质的渲染结果很逼真，如图5-49所示。

图5-49　金色材质渲染结果

至此，金块碰撞特效动画制作完成。

第二篇
柔体动力学动画

第 6 章 | 动力学果冻

本章讲解一个柔体动力学案例，一块放在盘子里的果冻随盘子一起运动，果冻表现出精准的柔体动力学特性。盘子做直线运动时，果冻会朝反方向变形。盘子停止运动后，果冻会左右抖动，直到完全静止。图6-1所示为果冻动画的几个静帧画面，可以看到果冻逼真的柔体动力学变形特效。

图6-1　果冻动画的几个静帧画面

6.1　模型的创建

本节将创建果冻动画所需要的几个模型以及用于拍摄动画的摄像机。使用到的建模工具有Loft（放样）和Lathe（车削）等。

6.1.1　摄像机的创建

新建C4D场景，在工具栏上单击Camera按钮，创建一个摄像机，如图6-2所示。

图6-2　创建摄像机

按Ctrl+B组合键或单击工具栏上的渲染设置按钮，打开Render Settings（渲染设置）对话框，对摄像机的参数进行设置。在Output（输出）面板，将摄像机输出画面的宽度和高度均设置为1080像素，如图6-3所示。

图6-3　摄像机输出画幅设置

透视图将显示摄像机画面，如图6-4所示。

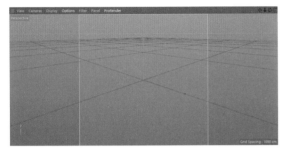

图6-4　透视图的摄像机画面

在软件界面右上角的"物体"面板中，将显示一个Camera（摄像机）物件。单击Camera按钮，在下方的Coord.（坐标）选项卡中设置摄像机的参数，如图6-5所示。

图6-5　摄像机的参数设置

透视图显示的摄像机画面，如图6-6所示。

图6-6　摄像机画面

6.1.2　果冻模型的创建

单击工具栏上的Pen（钢笔）按钮并按住鼠标左键，弹出样条线创建面板，单击面板中的Flower按钮，如图6-7所示。

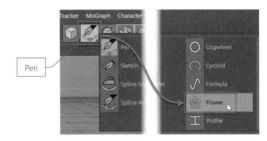

图6-7　单击Flower按钮

透视图中将创建一个花瓣样条线，如图6-8所示。

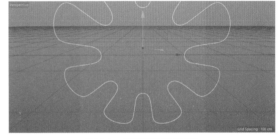

图6-8　创建花瓣样条线

目前，花瓣样条线的放置方向和尺寸都不符合要求，需要进一步设置。

在"物体"面板中，选中Flower样条线，在下方的Object选项卡中，将Plane的方向设置为XZ模式，如图6-9所示。

图6-9　Flower的方向设置

在透视图中，Flower样条线调整为XZ坐标平面水平放置，如图6-10所示。

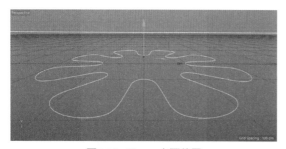

图6-10　Flower水平放置

使用Scale工具，将样条线等比例缩小到大约两个网格大小，如图6-11所示。

图6-11　缩小样条线

在"物体"面板中，选中Flower样条线，按Ctrl键向上（或向下）拖动，将该样条线复制一条，复制的样条线自动命名为Flower.1，如图6-12所示。

图6-12　复制样条线

在"物体"面板中选中Flower.1，在透视图中，使用移动工具，沿Y轴正方向移动55 cm，如图6-13所示。

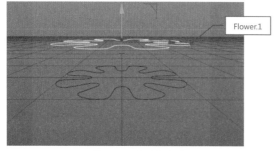

图6-13　移动样条线

在"物体"面板中，分别修改两个Flower样条线的参数，具体设置如图6-14所示。

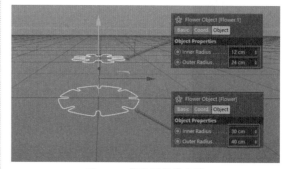

图6-14　修改样条线参数

在"物体"面板中选中Flower.1，按Alt键，同时单击并按住工具栏上的Subdivision Surfaces（细分表面）按钮，在弹出的面板中单击Loft（放样）按钮，如图6-15所示。

图6-15　Loft按钮

在"物体"面板中，Flower.1样条线将处于Loft的子层级中，成为其子物体，如图6-16所示。

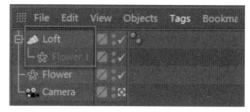

图6-16　Loft的子层级

将Flower拖动到Loft上方，当出现向下箭头时释放鼠标，Flower成为Loft的子物体，与Flower.1并列，如图6-17所示。

此时，Loft工具将在两条Flower样条线之间生成放样曲面，并生成两端的端盖，这就是果冻模型，如图6-18所示。

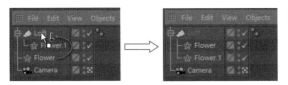

图6-17 拖动Flower

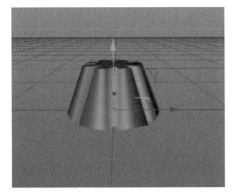

图6-18 生成放样曲面

在"物体"面板中，选中Loft对象，在下方的Object选项卡中对放样模型参数进行设置，具体设置如图6-19所示。这一步设置的目的是增加模型的细分程度，使动画的变形效果更细腻。

图6-19 细分设置

在"物体"面板中，将Flower.1和Flower的位置对调，在Caps（端盖）选项卡中，对端盖的参数做设置，具体设置如图6-20所示。

此时，透视图中的果冻模型如图6-21所示。

图6-20 Caps的参数设置

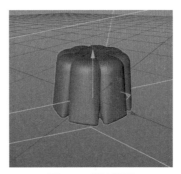

图6-21 果冻模型

6.1.3 盘子模型的创建

激活Right视图，单击工具栏上的Pen（钢笔）按钮，在果冻模型底部和右侧绘制一条封闭折线，作为盘子模型的轮廓曲线，如图6-22所示。

在"物体"面板中，将生成一个Spline物件。选中Spline，按住Alt键，同时单击工具栏上的Subdivision Surfaces按钮，在弹出的面板中单击Lathe（车削）按钮。在"物体"面板中，Spline将位于Lathe的子层级中，如图6-23所示。

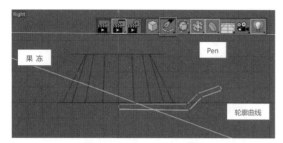

图6-22　绘制盘子轮廓曲线

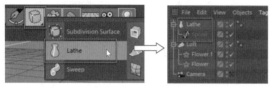

图6-23　使用Lathe工具

在透视图中，生成盘子的回转体模型，如图6-24所示。

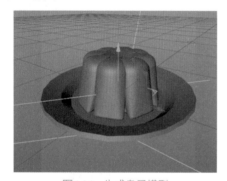

图6-24　生成盘子模型

目前，盘子模型在圆周上的分段比较少，显得棱角分明，不够圆润，还需要进一步优化。在"物体"面板中，选中Lathe物件，按住Alt键，同时单击工具栏上的Subdivision Surfaces按钮。盘子模型被细分处理，表面变得非常圆润，如图6-25所示。

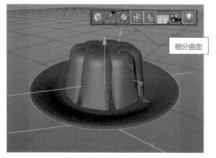

图6-25　细分盘子模型

6.1.4　整理"物体"面板

点击并按住工具栏上的Cube按钮，在弹出的面板中单击Null按钮。在"物体"面板中，将Subdivision和Loft物件都移动到Null的子层级，如图6-26所示。

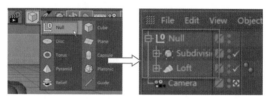

图6-26　创建Null物件

双击Null集合，将其重命名为Control，将Subdivision重命名为Plate，将Loft重命名为Jelly，如图6-27所示。

图6-27　重命名物件

为了便于观察，可以给盘子和果冻赋予不同的材质。比如，盘子设置为白色，果冻设置为橘红色，如图6-28所示。

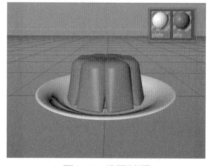

图6-28　设置材质

6.2　动画的创建

本节开始创建特效动画，使用关键帧记录动画。

6.2.1　基础动画的设置

在动画帧数设置微调框中输入70，将动画总帧数设置为70帧，如图6-29所示。

图6-29　设置动画总帧数

在"物体"面板中，选中Control集合，在下方的Coord.选项卡中，对X轴的位移设置两个动画关键帧，分别位于第20帧和第50帧。

具体操作方法如下。

（1）单击P.X左侧的圆形动画设置按钮，该按钮将显示为红色实心圆。在动画时间线上，将动画滑块拖动到第20帧处。此时，动画设置按钮将显示为空心圆。

（2）再次单击动画设置按钮，该按钮将显示为实心圆，表示动画已经设置完成。此时，在时间线的第20帧处出现了一个关键帧标记。

（3）重复上述操作，在第50帧处也创建一个关键帧，如图6-30所示。

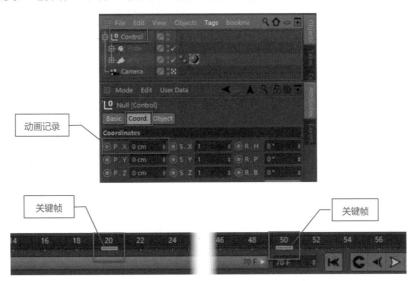

图6-30　创建两个关键帧

6.2.2　完整动画的设置

现在，虽然已经设置了两个动画关键帧，但是物体并没有任何动画效果，代表物体在20～50帧是处于静止状态的。

按照上述操作，在第70帧处创建一个关键帧，将P.X参数设置为230 cm。此时，盘子和果冻模型都移动到画面右侧，这样就创建了一段模型从右侧移动到画面中央的位移动画，如图6-31所示。

图6-31　创建一段位移动画

在0帧处再创建一个关键帧，将P.X的参数设置为-230 cm，这样就形成一段完整的动画。

0～20帧，模型从画面右侧移动到画面中央。

20～50帧，模型在画面中央停止。

50～70帧，模型从中央移动到画面左侧，如图6-32所示。

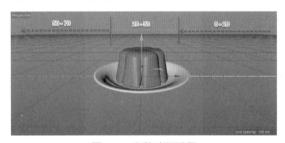

图6-32　完整动画设置

6.3　柔体动力学的创建

本节为果冻添加变形器，表现果冻柔软且具有弹性的质地，主要使用到的变形器是Jiggle（抖动）。

6.3.1　添加变形器

在"物体"面板选中Jelly物件，按C键，将果冻模型转换为可编辑状态，如图6-33所示。

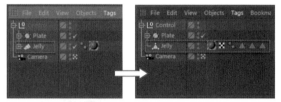

图6-33　转换模型状态

确保"物体"面板中的Jelly处于选中状态，按住Shift键，执行菜单栏中的Create（创建）> Deformer（变形）> Jiggle（抖动）命令。在"物体"面板中，Jelly的下方出现Jiggle子层级，如图6-34所示。

播放动画时，在摄像机视图中可以看到果冻已经发生变形，如图6-35所示。

图6-34　创建变形器

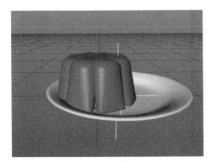

图6-35　果冻出现变形

6.3.2　变形器的优化设置

目前，果冻的变形还非常生硬，需要进一步优化。选择果冻模型，进入顶点编辑模式，在工具栏中将选择模式设置为矩形框选模式。在Right视图中，框选果冻上半部分所有的顶点，如图6-36所示。

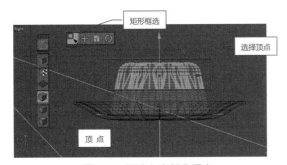

图6-36　框选上半部分顶点

执行菜单栏中的Select > Set Vertex Weight（设置顶点权重）命令，打开Set Vertex Weight对话框，将Value（数量）设置为100%，如图6-37所示。

在"物体"面板中，双击Jelly右侧的"顶点贴图"按钮，切换到Options选项卡，将Mode（模式）设置为Smooth（光滑），将其数值设置为50，单击Apply All按钮，如图6-38所示。

选中Jiggle物件，切换到Restriction（约束）选项卡，将Jelly的顶点贴图按钮拖动到Restrict右侧的列表中，如图6-39所示。

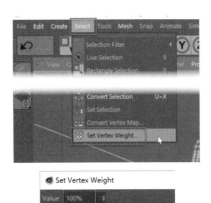

图6-37　设置顶点权重

图6-38　模式设置

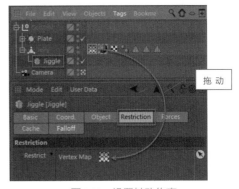

图6-39　设置抖动约束

在透视图中，果冻上出现渐变色，表示其变形程度也将呈现渐变效果，越接近底部变形越小，越接近顶部变形越大，如图6-40所示。

播放动画，果冻的柔性变形显得富有弹性，图6-41所示为其中的一帧。

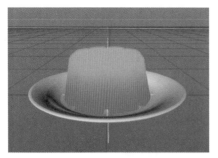

图6-40　渐变变形约束

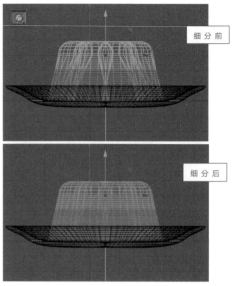

图6-42　果冻模型细分前后对比

图6-41　优化后果冻的变形效果

在"物体"面板中选择Jelly模型，按住
Alt键，单击工具栏上的Subdivision Surfaces按
钮，对模型进行细分处理，果冻模型细分前
后的对比如图6-42所示。

优化后的果冻柔性变形更加逼真、细
腻，如图6-43所示。

至此，Q弹果冻特效动画制作完成。

图6-43　细分后的变形效果

第 **7** 章 | 圣诞彩条

本章讲解一个柔体动力学动画的创建过程。几根各色圣诞彩条从画面上方落下并做动力学摆动，彩条上的彩色金属细丝也都有动力学动态，整体效果十分逼真。图7-1所示为该动画的几个静帧画面。

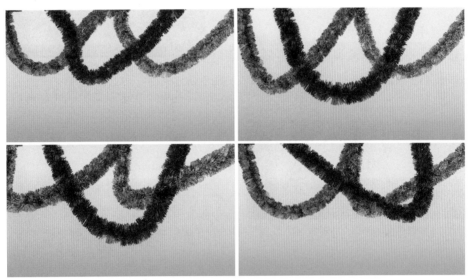

图7-1 圣诞彩条静帧画面

本案例使用到的模块主要有样条线、毛发、锚定点、湍流等。

7.1 中心线的创建

本节创建彩条的中心线，虽然这个线条最终是不可见的，但却起到非常重要的支撑、定位作用，所有的细丝都将在这个线条上生成。

7.1.1 创建样条线

点击工具栏上的Pen按钮并按住，在弹出的面板中单击Sketch（手绘线条）按钮。激活顶视图，在该视图中手工绘制一条长度为5 m，大致呈水平状态的线条，如图7-2所示。

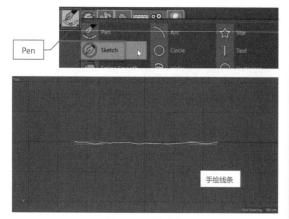

图7-2 手绘线条

选中上述手绘线条，单击右侧工具栏上的Points按钮，打开顶点编辑模式，将显示线条上的顶点，顶点的分布并不均匀，如图7-3所示。

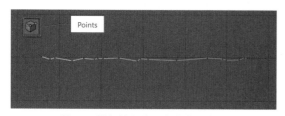

图7-3 样条线上的顶点分布不均匀

在"物体"面板中，选中Spline节点，切换到Object选项卡，将Intermediate Points（中

间点）设置为Uniform（均匀），将Number（数量）设置为0，如图7-4所示。

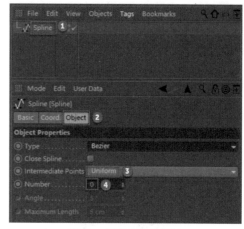

图7-4 设置样条线属性

在Spline节点上单击鼠标右键，在弹出的快捷菜单中选择Current State to Object（对象的当前状态）命令，此时"物体"面板中会出现两个Spline样条线，如图7-5所示。

"物体"面板中的两个Spline样条线，一个是位于上方的原样条线，另一个是位于下方的新生成的样条线。删除位于上方的原样条线，选中剩下的样条线。在视图中可见该样条线上的顶点均匀分布，如图7-6所示。

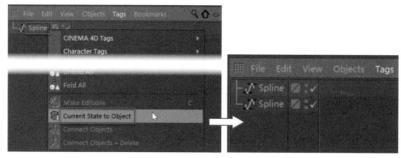

图7-5 当前状态

7.1.2 创建锚定物体

选中Spline，执行"物体"面板菜单中的Tags（标签）> Hair Tags（毛发）> Spline Dynamics（样条线动力学）命令，在Spline右

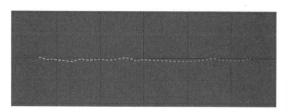

图7-6 顶点均匀分布

侧出现一个毛发动力学图标，如图7-7所示。

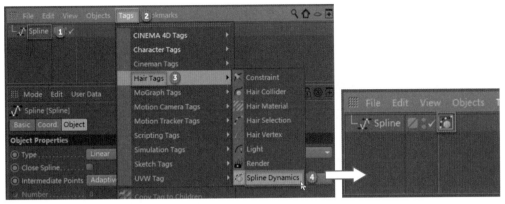

图7-7 加载样条线动力学

播放动画，样条线整体向下坠落，如图7-8所示。

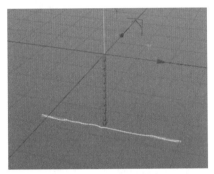

图7-8 样条线下坠

这里需要创建两个固定不动的物体，作为样条线两端的锚定点，从而形成样条线下坠的动态。

单击工具栏上的Cube按钮，在坐标原点创建一个立方体模型，如图7-9所示。

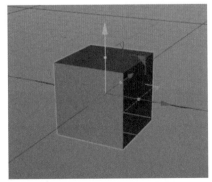

图7-9 创建立方体模型

使用缩放工具，将立方体等比例缩小到

20%，移动到样条线的左侧端点附近，如图7-10所示。

图7-10 缩小并移动立方体

在"物体"面板，将该立方体更名为left。将left复制一个，并移动到样条线右侧端点，将其命名为right，如图7-11所示。

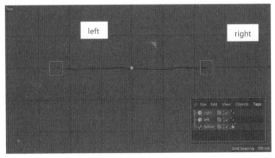

图7-11 设置立方体的位置和名称

7.1.3 约束锚定物体

在7.1.2节完成了锚定物体的创建，本小节将把样条线和锚定物体做锁定。

选中Spline样条线，执行"物体"面板菜单栏中的Tags > Hair Tags > Constraint（约束）命令，为该节点加载一个"约束"对象，如图7-12所示。

图7-12　加载"约束"标签

选中"约束"对象，切换到Tag选项卡，将left对象拖动到Object右侧的对象槽中，作为约束对象，如图7-13所示。

图7-13　加载约束对象

确保样条线处于顶点编辑模式，选中样条线上最左侧的顶点，单击"约束"对象Tag选项卡中的Set按钮，将该顶点约束到left立方体上，如图7-14所示。

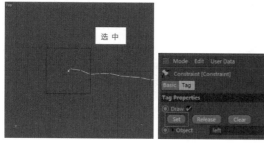

图7-14　约束左侧顶点

播放动画，样条线的左侧顶点固定不动，线条呈现向下摆动的动态效果，如图7-15所示。

重复上述操作，给Spline再加载一个约束对象，约束物体为right，如图7-16所示。

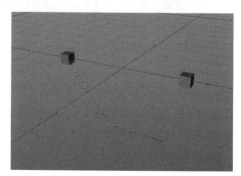

图7-15　一端固定的摆动效果

图7-16　加载right约束

为样条线右侧端点创建约束，约束到right模型。播放动画时，样条线的两端都被锚定不动，中间部分呈现线条震荡悬垂动画，如图7-17所示。

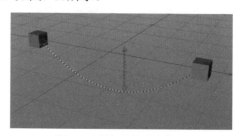

图7-17　样条线的动态效果

7.2　毛发的创建和编辑

本节开始创建细金属丝，采用毛发模块并编辑其动态。

7.2.1　创建毛发

执行菜单栏中的Simulate > Hair Objects > Add Hair（添加毛发）命令，在"物体"面板的最上方出现Hair对象，如图7-18所示。

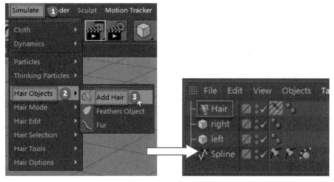

图7-18　添加毛发

在视图中，从中心线上的每一个顶点上生成了毛发，如图7-19所示。

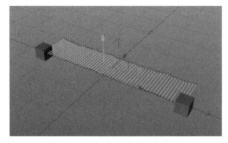

图7-19　中心线上生成毛发

播放动画时，毛发呈现重力下垂动态效果，如图7-20所示。

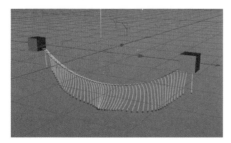

图7-20　毛发的动态效果

7.2.2　毛发的数量设置

本小节将设置毛发的密度、长度和分段等属性，使其符合金属细丝的质感。

目前，毛发是从中心线上的每一个顶点上生成的。选中Hair节点，切换到Guides（引导线）属性选项卡，可以看到Count（数量）为55，Root（发根）模式为Spline Vertex（样条线顶点），如图7-21所示。

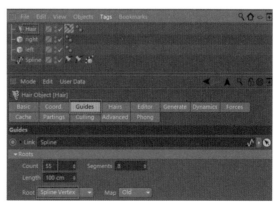

图7-21　毛发参数设置

在当前的Spline Vertex（样条线顶点）模式下，毛发数量只能和样条线顶点一一对应，其数量是无法编辑的。但是，圣诞彩条上的细丝数量远多于现在的顶点数量，需要进一步设置。

将Root（发根）设置为Spline Uniform（样条线均匀）模式，这样Count（数量）参数就可以任意设置了。例如，设置Count为100，如图7-22所示。

图7-22　修改毛发数量

视图中的毛发数量增加到100根，如图7-23所示。

图7-23　毛发数量增加

7.2.3　毛发的形态设置

目前，毛发的长度是默认的100 cm，分段是8，都不符合金属细丝的质感。金属细丝基本不会发生明显的弯曲，其长度与中心线长度也不成比例。

在Guides选项卡中，将Length（长度）设置为20 cm，Segments（分段）设置为4，如图7-24所示。

图7-24　设置长度和分段

播放动画时，毛发（金属细丝）的长度和弯曲程度基本符合要求，如图7-25所示。

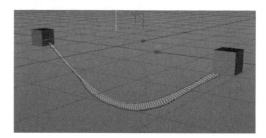

图7-25　毛发的长度和弯曲

彩条上的金属细丝应该是围绕彩条随机分布的，不是现在的单方向分布。

在Guides选项卡的Growth（生长）参数栏，将Growth设置为Random（随机）模式。单击Editing参数栏中的Regrow（重生成）按钮，如图7-26所示。

图7-26　设置生长模式

在视图中，毛发（金属细丝）呈现各个方向随机生长，如图7-27所示。

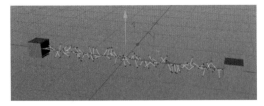

图7-27 毛发随机生长

播放动画时，毛发显得很柔软，弯曲很明显，不太像金属细丝的质感，如图7-28所示。

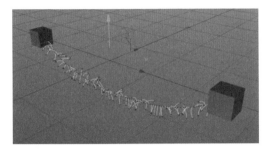

图7-28 毛发弯曲明显

在Dynamics（动力学）选项卡的Properties（属性）参数栏，将Rest Hold（保持）的参数设置为65%，如图7-29所示。

图7-29 设置保持参数

播放动画时，毛发的动态基本保持平直，接近金属丝的质感，如图7-30所示。

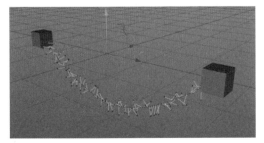

图7-30 毛发基本保持平直

7.3 毛发的材质

在7.2.1和7.2.2节完成了毛发（细金属丝）的动力学动画设置，本节设置毛发（细金属丝）的材质。

7.3.1 发丝的形状设置

单击工具栏上的Render View（渲染视图）按钮，对毛发进行渲染，现在的毛发是默认的棕色头发材质，如图7-31所示。

图7-31 默认头发材质

图7-31中，发丝的显示效果有点奇怪，是因为发丝的形状设置问题。在Hairs选项卡的Roots参数栏，将Root的模式设置为As Guides（作为引导线），如图7-32所示。

图7-32 发丝形状设置

As Guides：每个引导线将被精确渲染，头发材质仍然会对头发产生影响。

渲染结果，发丝呈现细长的圆锥形，如图7-33所示。

在Generate选项卡中，将Type（类型）设置为Flat（平面）类型，如图7-34所示。

图7-33　圆锥形发丝

图7-34　设置发丝外形

发丝的渲染结果是一种狭长的平面三角形，如图7-35所示。

图7-35中的狭长三角形发丝形状仍然不符合要求，彩带上的金属细丝应该是长方形的，这个形状的获取需要设置毛发的材质。

图7-35　三角形发丝（局部放大）

在材质编辑面板，双击Hair Material样本球，打开编辑面板，在Thickness（厚度）参数面板中，将Tip（发梢）的数值设置为1 cm，如图7-36所示。

这样发根和发梢的宽度都为1 cm，也就是将发丝的形状设置成了长方形。渲染效果如图7-37所示。

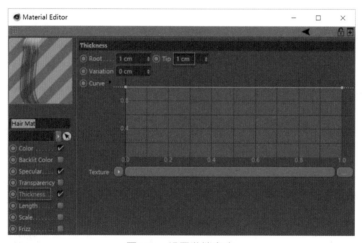

图7-36　设置发梢宽度

图7-37　长方形发丝（局部放大）

7.3.2　发丝的数量设置

在7.3.1节设置了发丝的形状，本小节设置发丝的数量。目前，发丝的数量只有100根，显然是远远不够的，可以通过两个参数来设置发丝的数量。

在Guides选项卡的Roots参数栏中，根据需要将Count的数值加大，然后单击Regrow按钮，重新生成发丝，如图7-38所示。

图7-38　设置发丝的数量

图7-39所示为1000根发丝的渲染效果。

图7-39　1000根发丝的渲染效果

另外，还可以通过设置Hairs选项卡的Cloning参数栏中的Clone（克隆）参数来增加发丝数量，如图7-40所示。

和设置发根数量不同，Clone设置不会减慢电脑模拟动画的速度。

图7-40　设置"克隆"数量

渲染的效果如图7-41所示，毛发的数量符合要求。

图7-41　毛发的数量符合要求

7.3.3　发丝的材质设置

本小节简单处理一下毛发的材质，创建一种金黄色金属材质。

创建一个新的样本球，双击打开设置面板，将其命名为hair。在Color面板中编辑一种金黄色，如图7-42所示。

图7-42　编辑金黄色

打开Reflectance（反射）面板，将Type设置为Beckmann类型，Roughness等参数的设置详见图7-43所示。

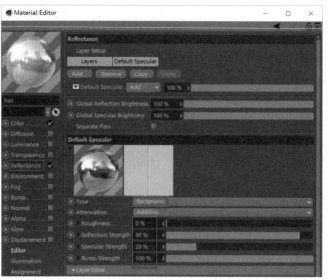

图7-43　"反射"参数设置

渲染生成毛茸茸的金色彩条，效果如图7-44所示。

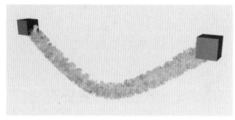

图7-44　金色彩条效果

7.4　动画的优化

本节将对彩条的动画进一步优化，使其达到更好的动态效果，主要涉及锚定点编辑、动画时长、湍流设置等。

7.4.1　动画时长设置

为了获得彩条更好的动力学模拟结果，可以适当地延长动画时长。目前，默认的时长是90帧，动力学模拟时间只有3 s。

在动画控制区，可以将动画时长适当地延长。要获得比较好的动力学模拟，时长至少要300帧以上，如图7-45所示。

由于动画模拟的时间加长，动力学的模拟更加充分，如图7-46所示。

图7-45　设置动画时长

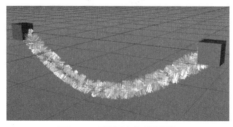

图7-46　彩条动力学模拟

7.4.2　锚定点设置

目前，彩条两端的锚定物距离有点远，彩条被拉伸得比较直，造成彩条的动力学特性不能充分表现。解决方法是把两个锚定物体的距离拉近。

在"物体"面板中，分别选中left和right立方体模型，在视图中移动两个立方体模型，使它们之间的距离缩短，间距3 m为宜，如图7-47所示。

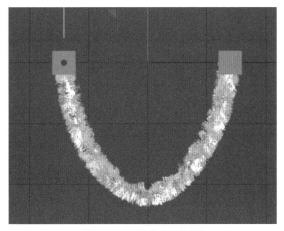

图7-47　调整立方体间距

播放动画，由于锚定点的距离更近，彩条下落、翻卷的动力学特征相较之前改善了不少，如图7-48所示。

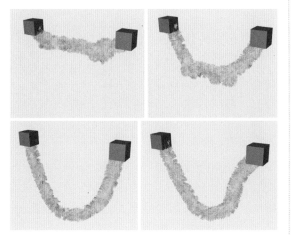

图7-48　更好的动力学模拟

7.4.3　加载湍流模拟

经过上面的步骤，彩条的动力学动画效果已经比较满意。但是，彩条柔软、富有弹性的动态特性表现得还不够充分，还可以进一步优化。

执行菜单栏中的Simulate（模拟）>Forces（力）> Turbulence（湍流）命令，在"物体"面板中加载一个Turbulence（湍流）模拟器，如图7-49所示。

图7-49　加载湍流模拟器

单击Spline右侧的Spline Dynamic按钮，切换到Forces选项卡，将Turbulence节点拖动到Forces右侧的列表中，如图7-50所示。

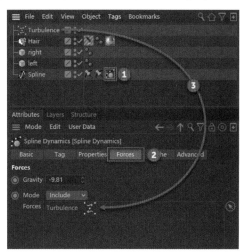

图7-50　加载湍流到列表

选中Turbulence模拟器，切换到Object选项卡，将Strength（拉伸）设置为50 cm，将Scale（比例）设置为1000%，如图7-51所示。

图7-51　设置湍流属性

播放动画时，彩条柔软而富有弹性的动力学动画表现得非常理想，如图7-52所示。

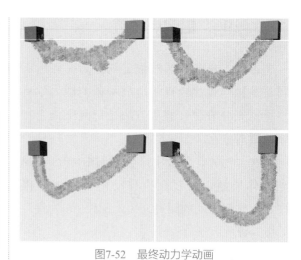

图7-52　最终动力学动画

至此，圣诞彩条特效动画制作完成。

第8章 | 沸腾的液体

本章讲解一个柔体动力学特效动画——液体沸腾创建过程。沸腾的液体剧烈翻滚，同时有大量气泡从液面升腾而起。图8-1所示为该动画的静帧画面。

图8-1 沸腾的液体动画画面

本案例使用到的模块主要有多边形建模、细分曲面、粒子发射器、湍流、克隆器等。

8.1 模型的导入

本节内容为场景设定、罐子模型导入。

8.1.1 场景设定

单击工具栏上的"渲染设定"按钮，打开Render Settings对话框，将输出的尺寸设置为Width=1920，Height=1080，也就是标准的2K分辨率。将Frame Rate（帧速率）设置为24（帧/秒），如图8-2所示。

按Ctrl+D组合键打开项目面板，在Project Settings（场景设定）面板中将FPS（帧速率）设置为24，如图8-3所示。

图8-2 设置分辨率和帧速率

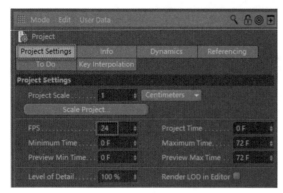

图8-3　设置项目帧速率

在动画控制区，将动画长度设置为200帧，如图8-4所示。

图8-4　设置动画长度

8.1.2　导入罐子模型

新建C4D场景，执行菜单栏中的File（文件）> Open（打开）命令，打开配套资源包"第8章 沸腾的液体"文件夹中的bowl.c4d模型文件，导入本章所需的一个罐子模型，如图8-5所示。

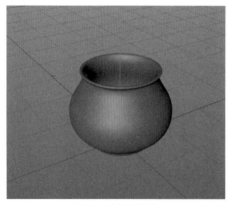

图8-5　罐子模型

在"物体"面板中，单击Bowl节点左侧的+号，展开该节点，可以看到这个模型是通过车削（Lathe）一根轮廓线（MoShpline）得到的，如图8-6所示。

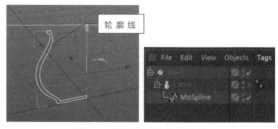

图8-6　罐子模型的构建方法

8.2　液面的创建

本节创建液面模型。本案例中的液体，其实只需要表现液面的动态，因此只要在罐口附近创建一个圆盘模型，对这个圆盘做动画即可。

8.2.1　液面的创建1

单击工具栏上的Cube按钮，在弹出的面板中单击Disc（圆盘）按钮，创建一个圆盘模型，如图8-7所示。

图8-7　Disc按钮

在视图中的坐标原点上，生成一个圆盘模型，如图8-8所示。

图8-8　圆盘模型

将上述圆盘移动到罐口附近并适当地缩

放，将罐口完全遮挡住，给人的感觉是罐子里装满了液体，如图8-9所示。

图8-9 编辑圆盘形成液面

执行菜单栏中的Display > Gouraud Shading(Lines)（光影着色+线条）命令，显示模型的结构线，如图8-10所示。

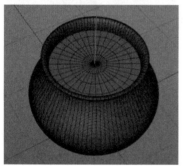

图8-10 显示结构线

观察作为液面的Disc模型，会发现其表面的结构线是由放射状直线和同心圆构成的，其中心有一个奇点，奇点周围全部是三角形面。这样的结构对于动画而言非常不利，液面变形起伏的效果会很差。最好的结构是由规则的四边形构成，变形动画更容易控制。

8.2.2 液面的创建2

删除上述Disc模型，在工具栏上点击Pen

按钮并按住，在弹出的面板中单击Circle（圆圈）按钮，如图8-11所示。

图8-11 Circle按钮

在视图中，生成一个圆圈，如图8-12所示。目前，圆圈的默认状态是与水平面垂直的，并非水平放置。

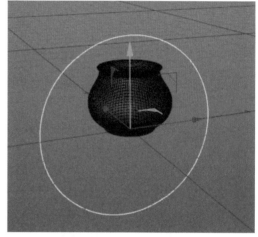

图8-12 生成圆圈

在"物体"面板中选择Circle，切换到Object选项卡，将Plane（平面）设置为XZ模式，圆圈将呈现水平放置，如图8-13所示。

将圆圈移动到罐口，在Object选项卡中设置适当的Radius（半径）参数，使圆圈充满罐口，如图8-14所示。

图8-13 设置圆圈放置平面

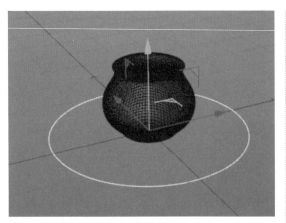

图8-13　设置圆圈放置平面（续）

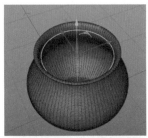

图8-14　将圆圈放置到罐口

填充圆圈，使之成为三维实体模型。点击工具栏上的Subdivision（细分）按钮并按住，在弹出的面板中单击Extrude（挤压）按钮，创建一个Extrude生成器。将Circle拖动到Extrude下方，成为其子物体，如图8-15所示。

图8-15　创建Extrude节点

在视图中，圆圈被挤压形成实体，但是挤压的轴向不正确，形成了错误的结果，如图8-16所示。

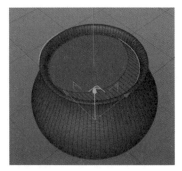

图8-16　错误的挤压方向

选中Extrude生成器，切换到Object选项卡，将Movement（位移）的Z轴参数设置为0 cm。切换到Caps（顶盖）选项卡，将Type设置为Quadrangles（四边形），如图8-17所示。

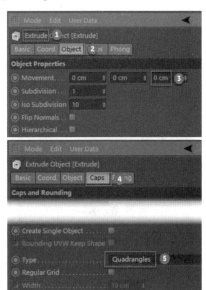

图8-17　设置Extrude属性

圆圈的挤压方向正确了，其表面的结构线也是四边形，如图8-18所示。

在Caps（顶盖）选项卡中，选中Regular Grid（规则网格）右侧的复选框，将Width（宽度）设置为3 cm。可以看到，液面模型上的四边形结构线非常规则，密度也足够大，如图8-19所示。

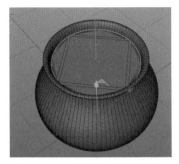

图8-18 修改挤压参数后的结果

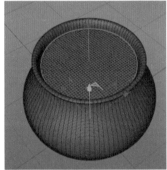

图8-19 规则的四边形结构线

8.3 创建气泡动画

本节将创建粒子系统，用于模拟从沸腾液体中升腾出来的气泡。

8.3.1 创建粒子发射器

由于后面的操作过程与罐子模型没有关系，因此可以先把罐子模型隐藏起来，方便其他操作。在"物体"面板中，将罐子模型设置为不可见。视图中的罐子模型被隐藏，只留下液面模型，如图8-20所示。

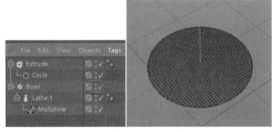

图8-20 隐藏罐子模型

执行菜单栏中的Simulate（模拟）> Particles（粒子）> Emitter（发射器）命令，创建Emitter粒子发射器，如图8-21所示。

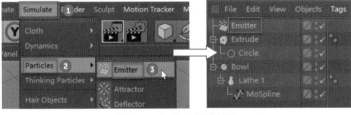

图8-21 加载粒子发射器

在视图中，生成粒子发射器，其发射方向是默认的水平方向。采用移动、旋转和缩放等工具编辑发射器的角度、位置和比例大小，将其水平放置到液面模型的正下方，尺寸稍小于液面模型，如图8-22所示。

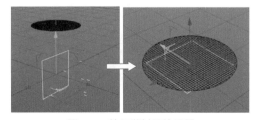

图8-22 粒子发射器的设置

8.3.2　气泡的创建

点击并按住工具栏上的Cube按钮，在弹出的面板中单击Sphere按钮，在视图中创建一个球体，如图8-23所示。

图8-23　创建球体模型

在视图中，创建了一个默认半径为100 cm的球体模型。作为气泡，这个球体显然是过大了。在球体的Object选项卡中，将其半径修改为2 cm，如图8-24所示。

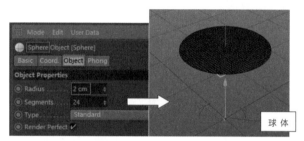

图8-24　修改球体的参数

在"物体"面板中，将Sphere拖动到Emitter下方，成为其子物体。在Particle选项卡中，选中Show Object（显示物体）右侧的复选框，如图8-25所示。

图8-25　粒子发射器设置

播放动画时，发射器发射出来的粒子变成了小球，如图8-26所示。

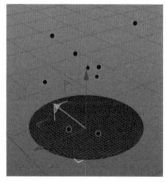

图8-26　发射小球

8.3.3　粒子动画的优化

在8.3.2节已经初步做出了气泡动画，但是效果还不理想，本小节将对其动画进行优化。

执行菜单栏中的Simulate > Particles > Turbulence（湍流）命令，创建一个Turbulence模拟器，如图8-27所示。

图8-27　创建湍流节点

在"物体"面板中，选中Emitter对象，切换到Include选项卡，将Mode设置为Include模式，再把Turbulence拖动到Modifiers（修改器）右侧的列表中，如图8-28所示。

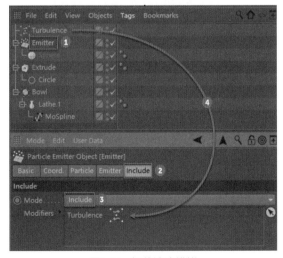

图8-28　加载湍流模拟

播放动画时，可以看到气泡的动画并没有显著变化，还需进一步设置。

选中Turbulence模拟器，切换到Object选项卡，将Frequency设置为12%。选中Emitter对象，切换到Particle选项卡，设置Birthrate Editor等参数，如图8-29所示。

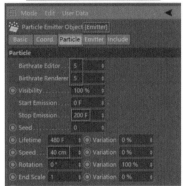

图8-29　设置节点的参数

播放动画时，气泡飘忽升腾的动画表现得比较真实，如图8-30所示。

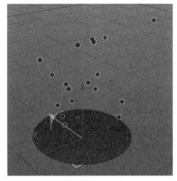

图8-30　气泡动画

8.4　液面动画

在8.3节完成了气泡的动画设置。本节将创建液面沸腾的动画，液面在沸腾状态下会呈现剧烈翻滚的状态。

8.4.1 创建克隆

执行菜单栏中的MoGraph > Cloner（克隆器）命令，创建一个Cloner对象，如图8-31所示。

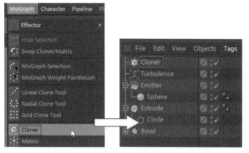

图8-31 创建"克隆器"节点

为了便于区别，将Cloner对象和Emitter下方的Sphere重新命名，分别命名为Bubbles和Bubble。再将Bubble拖动到Bubbles下方，成为其子物体，如图8-32所示。

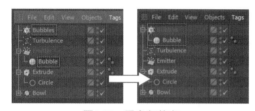

图8-32 重命名节点

选中Bubbles对象，切换到Object选项卡，将Mode设置为Object模式，再将Emitter拖动到Object右侧的对象槽中，如图8-33所示。

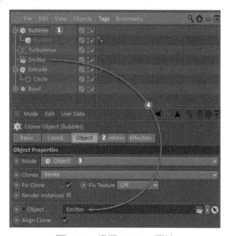

图8-33 设置Bubbles属性

8.4.2 创建碰撞

播放动画时，液面并没有什么动画效果，这是因为还缺少碰撞变形器。

点击工具栏上的Bend（弯曲）按钮并按住，在弹出的面板中点击Collision（碰撞）按钮。在"物体"面板中加载一个Collision变形器，如图8-34所示。

图8-34 加载碰撞变形器

将Collision拖动到Extrude下方成为其子物体（必须在Circle下方），切换到Colliders属性选项卡，将Bubbles拖动到Object右侧的列表中，如图8-35所示。

图8-35 设置碰撞属性

播放动画时，可以看到气泡穿过液面时，二者碰撞产生的起伏，如图8-36所示。

如果在Colliders选项卡中将Solver（解算器）切换为其他模式，也会对液面碰撞产生不同的影响。例如，切换为Outside（外侧），效果会稍好于图8-36所示的效果，如图8-37所示。

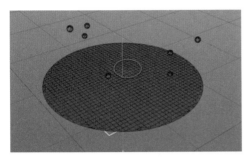

图8-36 液面产生起伏

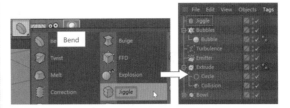

图8-38 加载颤动变形器

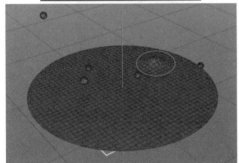

图8-37 Outside 效果

图8-39 移动Jiggle节点

8.4.3 沸腾动画的设置

在8.4.2节的液面碰撞虽然有一定起伏变化，但是并不明显，而且也不太像液面沸腾翻滚的动态，还需进一步改进。

点击工具栏上的Bend（弯曲）按钮并按住，在弹出的面板中单击Jiggle（颤动）按钮。在"物体"面板中加载一个Jiggle变形器，如图8-38所示。

在"物体"面板中，将Jiggle拖动到Extrude下方，成为其子物体，并确保Jiggle节点处于三个子物体的最下方，如图8-39所示。

播放动画时，液面翻滚的程度改善了很多，如图8-40所示。

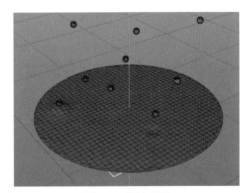

图8-40 翻滚动画

接下来，可以对Jiggle节点的Object选项卡中的几个参数进行设置，直到获得满意的结果。图8-41所示为一种参考设置。

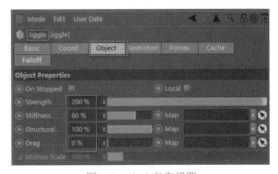

图8-41 Jiggle参考设置

播放动画时，液面沸腾的特效得到进一步改善，如图8-42所示。

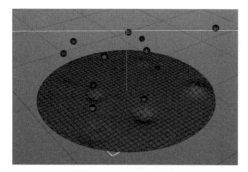

图8-42　液面沸腾特效

8.4.4　沸腾动态的优化

本小节将对液面沸腾动画进一步优化，使其效果更好。

单击工具栏上的Subdivision按钮，在"物体"面板中创建一个Subdivision Surface（细分表面）生成器，如图8-43所示。

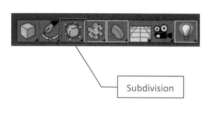

图8-43　加载细分表面生成器

将Extrude生成器拖动到Subdivision Surface下方，成为子物体。在视图中，液面模型的面数增加了16倍，可以表现更加细腻的变形，如图8-44所示。

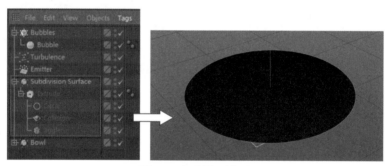

图8-44　细化液面模型

播放动画时，液面沸腾的动画表现得更加细致，如图8-45所示。

如果在变形器Collision的Advanced选项卡中，将Size（尺寸）的数值适当地加大，还可以得到比较强烈的沸腾效果，如图8-46所示。

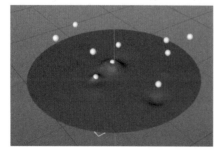

图8-45　细腻的沸腾动画

图8-46　设置强烈沸腾

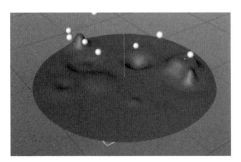

图8-46　设置强烈沸腾（续）

8.4.5　剧烈沸腾的模拟

如果还想获得更剧烈的沸腾动态，只靠继续增加粒子数量，效果并不好，反而会失真，需要采用其他办法来实现。

在"物体"面板中，同时选中Bubbles和Emitter两个对象，按住Ctrl键拖动复制出一份

并放置到面板最上方。两个对象会被自动重命名为Bubbles.1和Emitter.1，如图8-47所示。

图8-47　同时复制两个节点

为了便于识别，将Bubbles.1更名为Bubbles Large（大气泡），选中其下方的Bubble节点，在Object选项卡中，将Radius（半径）设置为3 cm，如图8-48所示。

图8-48　设置气泡半径

选中Bubbles Large对象，切换到Object选项卡，将Emitter.1拖动到Object右侧的对象槽中，如图8-49所示。

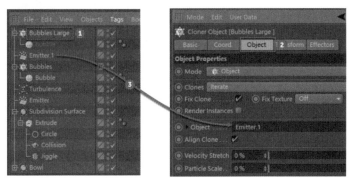

图8-49　设置大气泡属性

在Emitter.1对象的Particle选项卡中，将Birthrate Editor（出生率编辑器）和Birthrate Renderer（出生率渲染器）都设置为10，如图8-50所示。

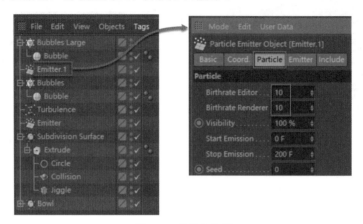

图8-50　设置出生率

在"物体"面板中选中Emitter.1对象，在透视图中，使用旋转工具将其旋转180°，如图8-51所示。

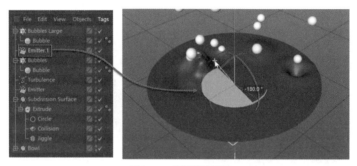

图8-51　旋转发射器

加载新的碰撞。在"物体"面板中，选中Collision对象，切换到Colliders选项卡，将Bubbles Large拖动到Objects右侧的列表中，如图8-52所示。

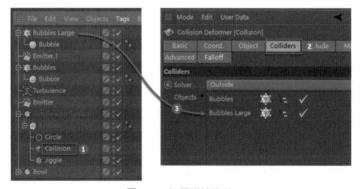

图8-52　加载碰撞物体

通过上面几步设置，目前已经有两套粒子系统同时在起作用，因此产生的沸腾程度比先前要猛烈得多，动画的效果如图8-53所示。

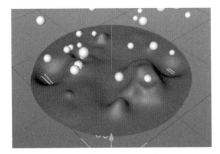

图8-53　剧烈的沸腾

如果觉得图8-53中的气泡太多，可以在"物体"面板中将Bubbles Large的显示关闭，这样就只显示小气泡，如图8-54所示。

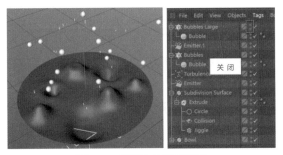

图8-54　关闭大气泡的显示

最后，打开罐子模型的显示，完成全部动画的制作，效果如图8-55所示。

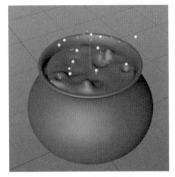

图8-55　动画完成

8.5　动画缓存和烘焙

目前，我们已经完成了全部动画的制作。本节将创建动画缓存和动画烘焙，这样是为了更好地回看动画，节省电脑内存。

8.5.1　缓存计算

在"物体"面板中，选中Collision对象，切换到Cache（缓存）选项卡，单击Calculate（计算）按钮，软件会自动运行每一帧动画，并将动画存储在缓存中，如图8-56所示。

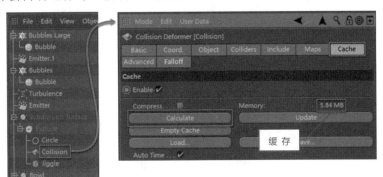

图8-56　碰撞缓存计算

对Jiggle（颤动）对象也做相同的操作，计算并生成缓存，如图8-57所示。

接下来，就可以在动画时间线上任意拖动时间滑块播放动画。如果没有计算并保存过动画缓存，拖动时间滑块的回放会很不流畅，尤其是反向拖动的时候，动画的播放会有问题，无法表现真实情况。

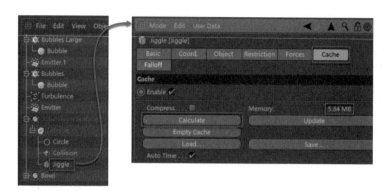

图8-57　颤动缓存计算

8.5.2　动画烘焙

在本地使用C4D的联机渲染工具，或者使用其命令行渲染，C4D中所用到的MoGraph效果器都是需要生成效果器缓存的，这样会保证在渲染时渲染结果与本地一致。其具体设置方法如下。

按Ctrl键单击"物体"面板中的Bubbles Large和Bubbles，将二者同时选中，再执行菜单栏中的Tags > MoGraph Tags > MoGraph Cache命令，如图8-58所示。

图8-58　加载缓存命令

两个对象右侧出现缓存图标。将两个缓存图标同时选中，在Build面板中，单击Bake（烘焙）按钮，如图8-59所示。

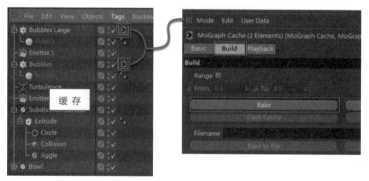

图8-59　出现缓存图标

弹出一个CINEMA 4D Studio对话框，单击"是"按钮，开始烘焙，如图8-60所示。

图8-60　CINEMA 4D Studio对话框

然后，会出现一个烘焙进程条，显示烘焙进度，如图8-61所示。

图8-61　烘焙进程条

烘焙完成后，缓存图标会显示为绿色。Build面板中也会显示缓存大小，如图8-62所示。

至此，液体沸腾特效动画制作完成。

图8-62　烘焙完成

第9章 | 柔软的面条

本章讲解面条柔体特效动画的创建过程。几根面条下落到一个瓷碗中，柔软的面条在碗中下落、翻滚直至完全落入碗中。图9-1所示为该特效动画的几个静帧画面。

图9-1 柔软的面条静帧画面

本案例使用到的模块主要有车削建模、克隆器、细分曲面、扫掠成形等。

9.1 模型的创建

本节创建瓷碗的三维模型，并设置其动画和动力学特效。

9.1.1 场景设定

单击工具栏上的"渲染设定"按钮，打开Render Settings对话框，将输出的尺寸设置为Width=1920，Height=1080，也就是标准的2K分辨率。将Frame Rate（帧速率）设置为24（帧/秒），如图9-2所示。

按Ctrl+D组合键，打开项目面板，在Project Settings面板中将FPS（帧速率）设置为24，如图9-3所示。

在动画控制区，将动画长度设置为192帧，如图9-4所示。

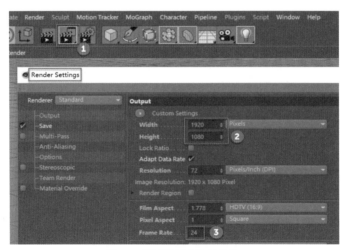

图9-2 设置分辨率和帧速率

图9-3　设置项目帧速率

图9-4　设置动画长度

9.1.2　创建瓷碗模型

单击工具栏上的Pen（钢笔）按钮，在Front（前）视图中，使用钢笔工具绘制一条曲线，作为瓷碗的轮廓曲线。注意，碗底的两个端点之间不要封闭，如图9-5所示。

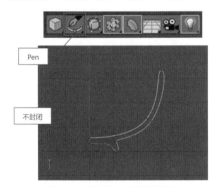

图9-5　绘制瓷碗轮廓曲线

如果需要后期编辑轮廓曲线的形状，可以打开顶点编辑模型，选中需要编辑的顶点，移动顶点或调节手柄，修改轮廓曲线的形状，直到满意为止，如图9-6所示。

点击工具栏上的Subdivision（细分曲面）按钮并按住，在弹出的面板中单击Lathe（车削）按钮。在"物体"面板中加载一个Lathe修改器，如图9-7所示。

在"物体"面板中，将Spline对象拖动到Lathe下方，成为其子物体。在视图中，样条线经车削生成了三维瓷碗模型，如图9-8所示。

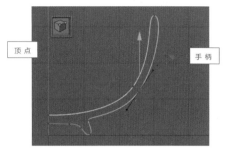

图9-6　编辑顶点

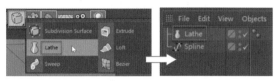

图9-7　加载车削修改器

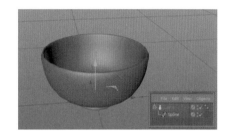

图9-8　车削形成瓷碗模型

在"物体"面板中，选中Lathe对象，切换到Object选项卡，将Subdivision（细分）参数设置为32，为瓷碗模型的圆周方向增加更多的分段，可以获得更加光滑、细腻的表面结构，如图9-9所示。

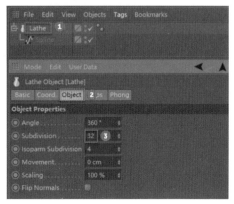

图9-9　增加分段

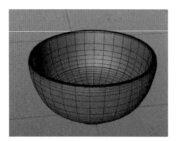

图9-9　增加分段（续）

最后，使用缩放工具将瓷碗模型等比例缩小到直径80 cm，如图9-10所示。

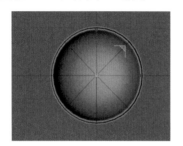

图9-10　缩小模型

9.1.3　创建面条中心线

面条模型采用螺旋形样条线作为中心线。

点击工具栏上的Pen（钢笔）按钮并按住，在弹出的面板中单击Helix（螺旋形）按钮，如图9-11所示。

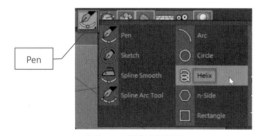

图9-11　螺旋形按钮

在视图中，坐标原点上生成默认属性的螺旋形样条线，如图9-12所示。

在"物体"面板中，选中Helix对象，切换到Object选项卡，将Plane设置为XZ方向，螺旋线设置为水平放置，如图9-13所示。

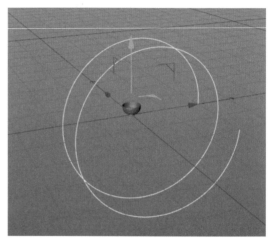

图9-12　生成螺旋线

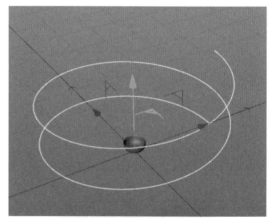

图9-13　设置螺旋线方向

在Object选项卡中进一步设置螺旋线的参数，具体设置如图9-14所示。其中，Start Radius（起点半径）和End Radius（终点半径）两个参数最关键，二者都设置为0 cm之后，螺旋线将变为一条垂直放置的直线。

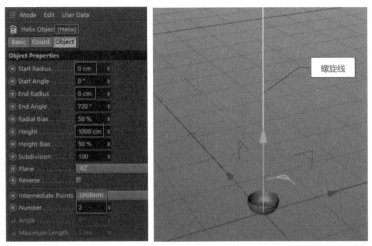

图9-14　螺旋线变为直线

9.1.4　复制中心线

本小节采用Cloner工具对中心线做复制，并设置相关参数。

执行菜单栏中的MoGraph > Cloner（克隆器）命令，创建一个Cloner对象，将Helix拖动到Cloner下方，成为其子物体，如图9-15所示。

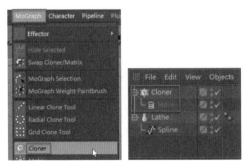

图9-15　创建Cloner对象

在Cloner对象的Object选项卡中，将Mode设置为Grid Array（网格阵列）模式，如图9-16所示。

在视图中，螺旋线采用默认参数形成了阵列复制，数量为3×3×3，间距为200 cm，如图9-17所示。

在Object选项卡中，将三个维度上的Count（阵列数量）的参数分别设置为2、1、

2，三个维度上的Size（间距）分别设置为5 cm、200 cm和5 cm，如图9-18所示。

经过上述设置，螺旋线数量为四根，矩形阵列间距为5 cm，如图9-19所示。

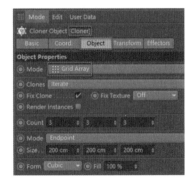

图9-16　设置阵列参数

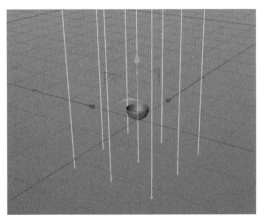

图9-17　默认阵列结果

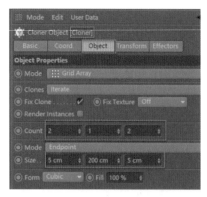

图9-18　设置阵列数量和间距

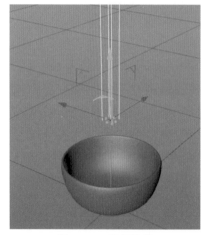

图9-19　四根螺旋线

9.2　动力学设置

本节创建中心线和瓷碗的动力学属性。

9.2.1　中心线动力学设置

在"物体"面板中，选中Cloner对象，执行菜单栏中的Tags（标签）> Simulation Tags（模拟标签）> Soft Body（柔体）命令，如图9-20所示。

在Cloner对象右侧创建一个柔体图标，如图9-21所示。

单击柔体图标，在Soft Body选项卡的

Springs（弹簧）参数栏中设置其动力学参数，具体设置如图9-22所示。

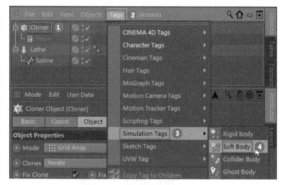

图9-20　加载柔体动力学

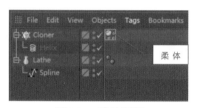

图9-21　柔体图标

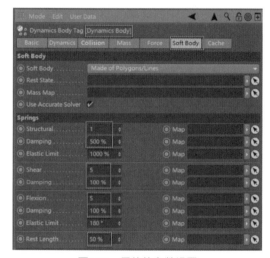

图9-22　柔体的参数设置

这里的参数设置，总的目的是增加柔体的柔软程度，让样条线显得不僵硬，落入瓷碗中后可以弯曲并形成褶皱。大幅度地增加Damping（阻尼）数值，是为了使面条落入碗里的时候失去能量，以便样条线可以快速下降。大幅度减小弹簧的Shear（剪切）值并增加其阻尼，这样会使样条线变得柔软，

振荡结束的速度更快。Rest Length（静止长度）的数值减小，是为了模拟样条线的快速收缩。减小Flexion（屈曲）数值是为了使样条线更有弹性。

在Force（力）选项卡中，将Linear Damping（线性阻尼）和Angular Damping（角阻尼）都设置为99%，如图9-23所示。

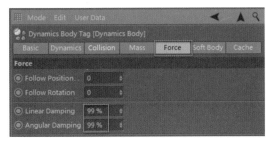

图9-23　力参数设置

调整上述两个阻尼参数，目的是减小模拟中的动能，使样条线更慢、更稳定地落入碗中。

在Collision（碰撞）选项卡中，将Inherit Tag（继承标签）设置为Apply Tag to Children（应用标签到子代），将Individual Elements（单个元素）设置为All，选中Use右侧的复选框，将Margin（边缘）设置为1.2 cm，如图9-24所示。

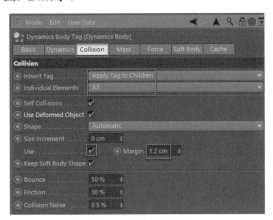

图9-24　碰撞参数设置

碰撞被应用于克隆器的子代和所有单个元素。选中Use（启用）复选框，是为了开

启每条样条线周围的碰撞边缘。Margin（边缘）参数用于控制彼此之间的距离，并表现彼此之间的厚度。

9.2.2 瓷碗的动力学设置

在9.2.1节我们设置了样条线（也就是面条）的动力学参数。如果现在播放动画，我们会发现，面条直接穿过了瓷碗，并没有发生任何动力学模拟特效，如图9-25所示。

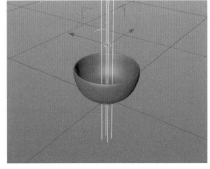

图9-25　面条穿过瓷碗

为了便于管理和识别，在"物体"面板中，将Lathe对象更名为Bowl，如图9-26所示。

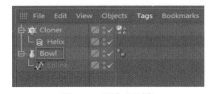

图9-26　重命名对象

在Bowl对象上单击鼠标右键，在弹出的快捷菜单中选择Simulation Tags（模拟标签）> Collider Body（碰撞物体）命令，如图9-27所示。

在Bowl右侧，生成一个碰撞物体图标。单击该图标，在Collision选项卡中进行相关参数设置，如图9-28所示。

至此，我们已经完成了所有的动力学设置，可以做动画测试了。播放动画时，可以看到样条线的下落和在瓷碗中堆积、卷曲的特效，如图9-29所示。

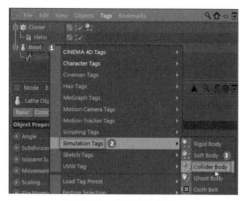

图9-27 创建碰撞物体

图9-28 碰撞体参数设置

图9-29 样条线卷曲特效

9.3 面条动画的优化

本节将基于中心样条线创建面条的三维

实体模型，并对动画特效进一步优化处理。

9.3.1 生成面条建模

在"物体"面板中，选中Cloner对象，按Alt键，点击工具栏上的Array按钮并按住，在弹出的面板中单击Connect按钮。在"物体"面板中创建Connect生成器，Cloner对象成为其子物体，如图9-30所示。

图9-30 创建Connect对象

点击工具栏上的Pen（钢笔）按钮并按住，在弹出的面板中单击Circle（圆圈）按钮。在"物体"面板中，创建一个Circle对象，如图9-31所示。

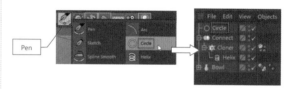

图9-31 创建圆圈

选中Circle对象，切换到Object选项卡，将Radius（半径）设置为1 cm，如图9-32所示。

图9-32 设置半径

选中Circle对象，按住Alt键的同时点击工具栏上的Subdivision按钮并按住，在弹出的面板中单击Sweep（扫掠）按钮。创建一个Sweep对象，同时将Circle置于其子层级，如图9-33所示。

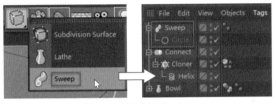

图9-33　创建扫掠对象

在"物体"面板中，将Connect对象拖动到Sweep下方，成为其子物体，如图9-34所示。

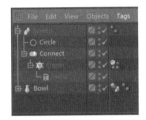

图9-34　移动Connect对象

视图中的样条线形成了厚度，即为面条的三维模型，如图9-35所示。

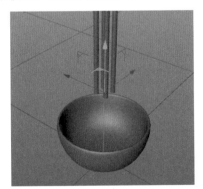

图9-35　生成面条的三维模型

9.3.2　面条材质

为了便于在后面的操作中看清面条模型的动画效果，现在给面条模型加载一个简单的材质。

在材质编辑面板双击鼠标，新建一个材质样本球。双击样本球，打开材质编辑器，将材质命名为Noodles，在Color面板中，编辑一种便于识别的颜色，如图9-36所示。

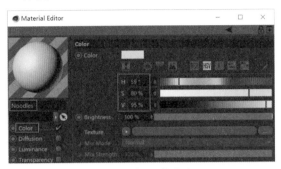

图9-36　编辑面条颜色

将样本球拖动到"物体"的Sweep对象上，为该对象加载Noodles材质。Sweep对象右侧出现材质图标，如图9-37所示。

图9-37　加载材质

在视图中，面条模型将呈现材质，如图9-38所示。

图9-38　带有材质的面条

9.3.3　细分面条模型

播放动画，面条下落、堆积、卷曲的动

力学特效已经得以表现，如图9-39所示。

图9-39　面条动画

现在的面条模型显得很粗糙，棱角分明，没有应有的圆滑效果，原因是中心样条线的分段太少。选中"物体"面板中的Sweep对象，按住Alt键单击工具栏上的Subdivision（细分曲面）按钮，为该对象加载细分修改器，如图9-40所示。

视图中的面条模型立即表现出圆滑的效果，如图9-41所示。

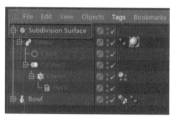

图9-40　加载细分修改器

图9-41　圆滑的面条

9.3.4　动画的优化

现在直接在视图中播放动画，会非常卡顿，原因是内存消耗过大。这种情况下的优化方法有两种，一种是调整项目的动力学参数，一种是对动画做烘焙处理。

按Ctrl+D组合键，打开Project（项目）面板。切换到Dynamics属性面板，打开Expert选项卡，尝试对其中的参数进行设置，如图9-42所示。

增加每帧的步数和求解迭代可以获得更准确的模拟，图9-42只是一个参考值，读者可自行调节参数进行尝试。

打开Cache标签，单击Bake（烘焙）按钮，对动画做烘焙处理，如图9-43所示。

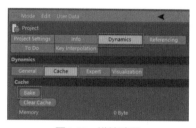

图9-43　烘焙动画

此时，会有一个烘焙进程条出现，烘焙的速度与电脑配置有关。笔者的电脑配置为i5-9400F \ 2.9G Hz，烘焙时长为1分47秒，如图9-44所示。

图9-44　烘焙进程条

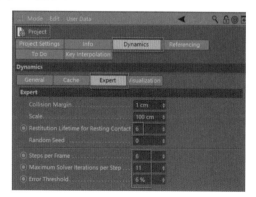

图9-42　项目动力学设置

烘焙结束，即可顺畅地播放动画。面条下落、翻滚的动力学效果表现得相当准确，如图9-45所示。

图9-45 面条动画的最终效果

至此，面条特效动画制作完成。

第三篇
毛发和骨骼动画

第10章 | 折叠地图

本章讲解一个纸质地图翻折打开动画的创建过程。这个动画看似是平面翻折的动画，实际上是一个骨骼动画。折叠地图展开动画静帧画面如图10-1所示。

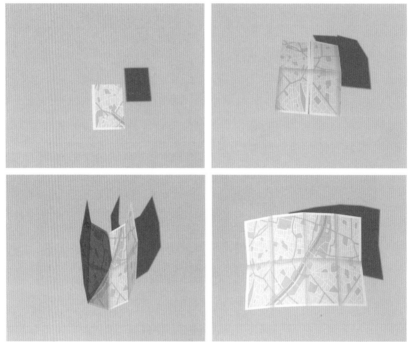

图10-1　地图展开动画静帧画面

本案例使用到的模块主要有骨骼、绑定、权重设置、角色动画等。

10.1　地图和骨骼的创建

本节将创建地图模型，并在地图模型上创建骨骼模型，使用到的建模工具有多边形属性设置、骨骼的创建、骨骼测试和骨骼链复制等。

10.1.1　创建地图模型

新建C4D场景，在工具栏上点击Cube按钮并按住，在弹出的面板中单击Plane（平面）按钮，如图10-2所示。

图10-2　创建平面模型

在视图中，生成一个默认属性的正方形平面模型，如图10-3所示。

图10-3　生成平面模型

在"物体"面板中，选中Plane对象，在Object选项卡中设置平面模型参数。将Width（宽度）和Height（高度）分别设置为400 cm和300 cm，将Width Segments（宽度分段）和Height Segments（高度分段）分别设置为4和2，如图10-4所示。

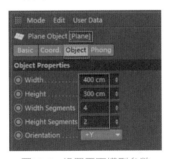

图10-4　设置平面模型参数

将显示模式设置为Gouraud Shading(Lines)（光影着色+线条），在视图中，可以显示平面模型表面的结构线，如图10-5所示。

最后选中Plane模型，按C键，将该模型转换为多边形模型，以方便后面的动画操作。

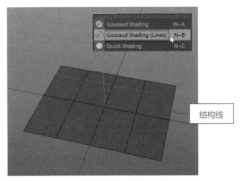

图10-5　显示结构线

10.1.2　创建第一组骨骼链

在本案例中，地图的折叠是与之绑定在一起的骨骼形成的。骨骼将在Plane模型相关的顶点之间生成。

选中Plane模型，在右侧工具栏上单击Points按钮，进入顶点编辑模式。单击Snap按钮，并确保Vertex Snap（顶点捕捉）处于激活状态，如图10-6所示。

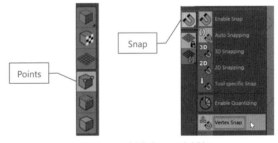

图10-6　顶点模式和顶点捕捉

此时，Plane模型处于顶点编辑状态，可以看到其表面分布的顶点，如图10-7所示。

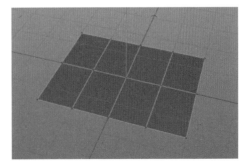

图10-7　顶点编辑状态

下面我们将在Plane的几何中心上的1号顶点和上边缘中点位置上的2号顶点之间建立第一根骨骼。在2号和3号、3号和4号顶点之间各建立一根骨骼，如图10-8所示。

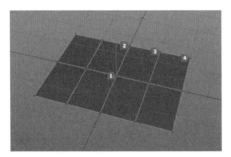

图10-8　建立骨骼的顶点编号

执行菜单栏中的Character（角色）> Joint Tool（骨骼工具）命令，进入骨骼创建模式。按Ctrl键在1号顶点上单击，创建骨骼的第一个关节对象。松开Ctrl键，将光标移动到2号顶点上后，再次按Ctrl键单击。这样就创建了一根骨骼，如图10-9所示。

图10-9　创建第一根骨骼

将光标移动到3号顶点上，按Ctrl键并单击，创建第二根骨骼；在4号顶点上创建第三根骨骼，如图10-10所示。

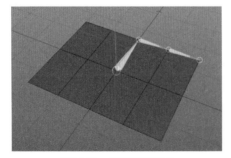

图10-10　创建三根骨骼

这样就创建了一个由三根骨骼组成的骨骼链条，"物体"面板中也清晰地表现了骨骼之间的层级关系。为了方便表述，给三根骨骼都加上编号，如图10-11所示。

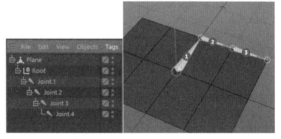

图10-11　骨骼层级关系和编号

10.1.3　测试骨骼

创建完骨骼链条后，最好做一下测试，以便及时发现问题。

由于骨骼之间存在明确的父子链接关系，高一级的骨骼会带动低一级的骨骼转动。图10-11中的1号骨骼为骨骼系统中的最高层级，转动该骨骼，会带动2号骨骼和3号骨骼一起转动。转动2号骨骼，会带动3号骨骼一起转动。

使用旋转工具，转动1号骨骼，如果2号骨骼和3号骨骼跟随一起转动，则为正确的结果，如图10-12所示。

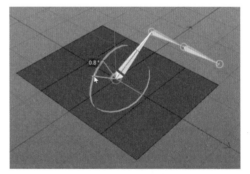

图10-12　正确的测试结果

如果2号骨骼和3号骨骼没有跟随转动，而是与1号骨骼脱离关联，保持在原来的位置，说明骨骼之间的链接关系有问题，需要重新创建骨骼链，如图10-13所示。

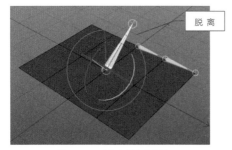

图10-13　错误的测试结果

对2号骨骼也做相同的测试，如果2号骨骼的转动也能带动3号骨骼一起运动就是正确结果，如图10-14所示。

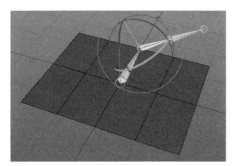

图10-14　测试2号骨骼

10.1.4　创建第二组骨骼链

到目前为止，我们已经创建好一条骨骼链，但是要形成对地图模型的折叠动画控制，需要一个工字型的骨骼链才能实现。进一步细分，工字型骨骼由两个T字形骨骼拼合而成，如图10-15所示的红色虚线和绿色虚线T字形。

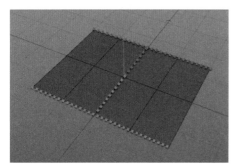

图10-15　两个T字形骨骼链

目前，我们只创建了红色T字形骨骼链的右侧部分；左侧还需要创建两根骨骼，但是这两根骨骼必须与1号骨骼保持父子链接关系。

选中"物体"面板中的Joint1（也就是1号骨骼）对象，执行菜单栏中的Character（角色）> Joint Tool（骨骼工具）命令。在创建骨骼之前，首先在其设置面板中取消选中Root Null复选框，如图10-16所示。

图10-16　骨骼工具设置

捕捉1号骨骼的末端和Plane左上角的两个端点，创建两根骨骼，形成一个T字形骨骼链条，如图10-17所示。

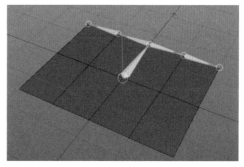

图10-17　创建左侧骨骼链

骨骼链创建完成后，一定要测试一下。这个T字形骨骼链的根骨骼是1号骨骼，向上旋转该骨骼，会带动另外四根骨骼同时转动，如图10-18所示。

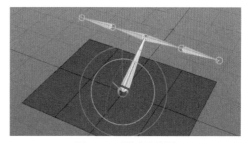

图10-18　测试骨骼链

10.1.5　复制骨骼链

目前已经完成了图10-15中红色T字形骨骼链的创建。本节创建图中的绿色T字形骨骼链。这个骨骼链其实无须从头创建，只需要把红色T字形骨骼链复制并旋转到正确位置即可。

在"物体"面板中，选中Joint.1骨骼链，按住Ctrl键，拖动该骨骼链到Root下方，出现向下箭头时释放鼠标并松开Ctrl键，即可创建一个新的骨骼链，将其命名为Joint，如图10-19所示。

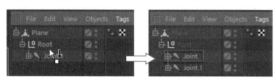

图10-19　复制骨骼链

为了便于区别，将Joint命名为Joint.2。选中Joint.2骨骼链，在视图中，按住Shift键沿Y轴旋转该骨骼链，旋转角度为180°，如图10-20所示。

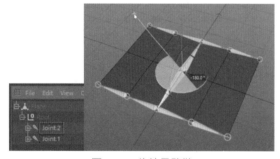

图10-20　旋转骨骼链

至此，工字型骨骼链创建完成。

10.2　骨骼的绑定和权重

本节将在骨骼链和Plane模型之间建立绑定关系，并设置骨骼的权重，使骨骼能正确地驱动Plane模型。

10.2.1　骨骼绑定

在"物体"面板中，选中Root（根）对象并向下拖动，出现左向箭头的时候释放鼠标，将Root和Plane对象设置为并列状态，如图10-21所示。

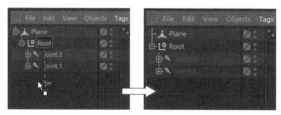

图10-21　移动Root对象

在Root对象上单击鼠标右键，在弹出的快捷菜单中选择Select Children（选择子对象）命令。根骨骼下所有的骨骼和关节都被选中，下方属性面板中将出现所有子对象列表，如图10-22所示。

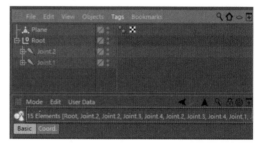

图10-22　子对象列表

同时选中Root和Plane对象，单击菜单栏中Character > Bind（绑定骨骼）命令右侧的设置按钮，如图10-23所示。

图10-23　骨骼绑定设置

打开Bind Options（绑定选项）对话框，

在Smoothing（平滑）参数栏中，将Smooth Strength（平滑强度）和Falloff Strength（衰减强度）都设置为0%。设置完成后，"物体"面板中Plane下方出现一个Skin（皮肤）对象，如图10-24所示。

图10-24　绑定参数设置

10.2.2　权重设置

绑定好骨骼之后，也需要做一下测试，观察绑定的效果，并根据出现的问题做进一步处理。

现在如果转动右上角的2号骨骼，会看到Plane模型已经跟随变形，但是并不完美。Plane右侧中间的两个顶点（图10-25中红圈位置）还在原来的位置上没有动，致使Plane整体变形有问题。

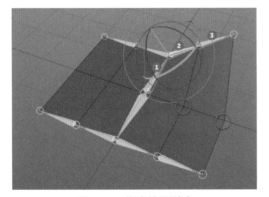

图10-25　绑定结果测试

再测试一下其他几根相应位置的骨骼，

也都有类似的问题，这是典型的顶点权重问题，需要通过权重设置来解决。下面以2号骨骼为例，讲解如何设置权重。

选中2号骨骼，执行菜单栏中的Character（角色）→Weight Tool（权重工具）命令，进入权重设置模式。可以看到红圈处顶点周围显示为黑色，表示这里并没有受到2号骨骼的影响，如图10-26所示。

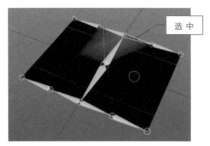

图10-26　2号骨骼权重

将权重笔刷放到红圈处的顶点位置并单击。设置完成后，该区域呈现亮色，表示已经被纳入2号骨骼的影响范围，如图10-27所示。

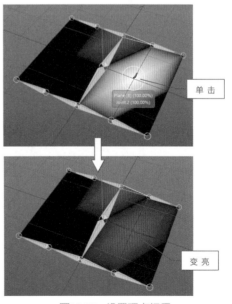

图10-27　设置顶点权重

单击旋转按钮，旋转2号骨骼，可以看到红圈处的顶点已经跟随该骨骼转动，而右侧的绿色圆圈处的顶点仍然没有跟随转动，说明3号骨骼的权重也有问题，如图10-28所示。

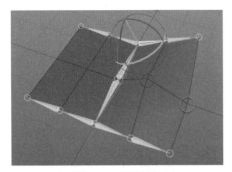

图10-28　权重测试

选中3号骨骼，设置其权重，将图10-28中的绿圈处顶点加入其影响范围，如图10-29所示。

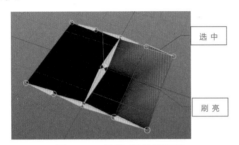

图10-29　设置3号骨骼权重

再次测试权重，右侧红圈内的两个顶点都跟随2号骨骼转动，2号骨骼和3号骨骼权重正确，如图10-30所示。

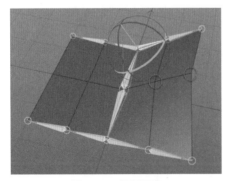

图10-30　权重正确

重复以上操作，对每根骨骼的权重都做上述处理并测试结果。

10.2.3　权重综合测试

每根骨骼的权重都处理好之后，还需要做一下综合测试，以观察权重设置的效果。

同时选中3号骨骼和8号骨骼进行转动，Plane右侧第一个分段可以折叠，如图10-31所示。

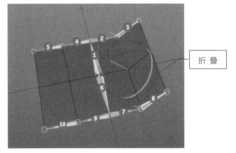

图10-31　边缘折叠

同时选中2号骨骼和7号骨骼，转动时可以带动Plane右侧两个分段同时折叠，如图10-32所示。

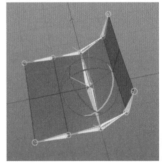

图10-32　折叠右侧两个分段

转动1号骨骼，上半部分的Plane可以同时折叠，如图10-33所示。

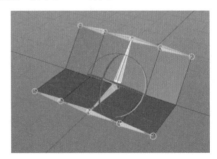

图10-33　折叠上半部分

同时转动4号骨骼和9号骨骼、5号骨骼和10号骨骼，可以形成Plane左侧局部的折叠效果。转动6号骨骼可以折叠Plane的下半部分，这里不再赘述。

10.3　折叠动作设置

本节将创建地图折叠动作，将使用Pose Morph（姿态变形）工具制作动画。

10.3.1　加载 Pose Morph 工具

在"物体"面板中，选中Root对象，在其上单击鼠标右键，在弹出的快捷菜单中选择Rigging Tags（套索标签）> Pose Morph（姿态变形）命令，Root右侧出现Pose Morph图标，如图10-34所示。

图10-34　加载姿态变形

单击Pose Morph图标，在其属性面板中分别选中Hierarchy（层级）和Rotation（旋转）右侧的复选框，启用这两个属性，如图10-35所示。

图10-35　Pose Morph属性设置

随即切换到Tag Properties（标签属性）面板，将Poses列表中的Pose 0删除，将Base Pose更名为Unfolded，如图10-36所示。

图10-36　修改Pose列表

单击下方的Add Pose长按钮，在Poses列表中加入一个新的姿态，将其重命名为fold1，如图10-37所示。

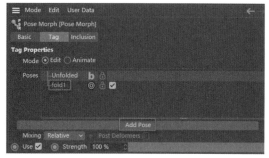

图10-37　加载新Pose

10.3.2　折叠动画设置 1

地图的折叠需要记录三个动作，本小节创建第一个动作。

3号骨骼和8号骨骼同时逆时针向内翻折，5号骨骼和10号骨骼同时顺时针向内翻折。骨骼编号如图10-38所示。

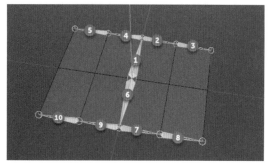

图10-38　骨骼编号

同时选中3号骨骼和8号骨骼，逆时针转动约179°，将右侧地图向内翻折，如图10-39所示。

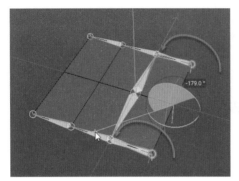

图10-39　折叠右侧地图

同时选中5号骨骼和10号骨骼，顺时针旋转约179°，将地图左侧向内翻折，如图10-40所示。

在"物体"面板中，单击Pose Morph图标，在其属性面板中，选中Animate左侧的单选按钮。将上述两个骨骼动作记录下来，如图10-41所示。

随即进入动画控制模式，生成一个fold1动作滑块，可以通过拖动fold1右侧的滑块来播放翻折动画，还可以单击fold1左侧的动画记录按钮来记录关键帧，如图10-42所示。

图10-43所示为fold1滑块拖动到30%位置时的折叠动作结果。

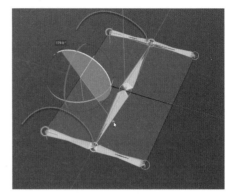

图10-40　折叠左侧地图

图10-41　记录动画

图10-42　动画控制模式

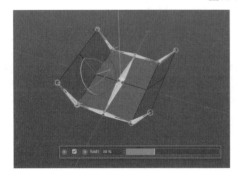

图10-43　fold 1滑块动画播放

10.3.3　折叠动画设置2

在10.3.2节制作了第一段地图折叠动画，本小节制作第二段折叠动画。

选中属性选项卡中Edit左侧的单选按钮，回到姿态编辑模式，单击Add Pose按钮，创建一个新的Pose，将其命名为fold 2，如图10-44所示。

图10-44　创建fold2

选中1号骨骼,将其逆时针转动约179°,将地图的上半部分向内翻折,如图10-45所示。

在"物体"面板中,单击Pose Morph图标,在其属性选项卡中选中Animate左侧的单选按钮。将上述动画记录下来,生成fold 2动作滑块,如图10-46所示。

现在,拖动fold 2右侧的滑块可以控制1号骨骼的旋转动作,如图10-47所示。

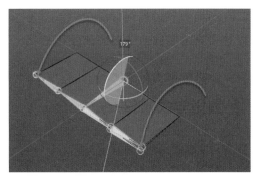

图10-45　折叠上半部分

图10-46　创建fold 2动作

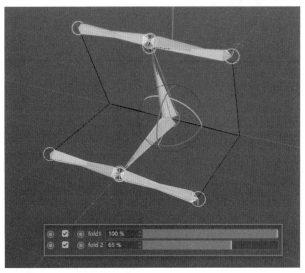

图10-47　fold 2滑块动画

10.3.4　折叠动画设置3

打开Pose Morph的属性编辑面板,在Poses列表中再加载一个新的Pose,将其命名为fold 3,如图10-48所示。

选中4号骨骼,顺时针旋转约179°。4号骨骼将带动5号骨骼一起转动,将地图的左上角向内折叠,如图10-49所示。

选中9号骨骼,逆时针旋转约179°。9号骨骼将带动10号骨骼一起转动,将地图的左下角

121

向反面折叠，如图10-50所示。

图10-48　创建fold 3

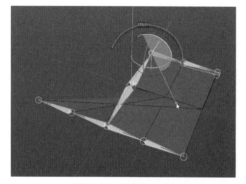

图10-49　折叠左上角

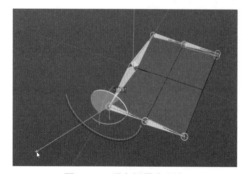

图10-50　反向折叠左下角

在"物体"面板中，单击Pose Morph图标，在其属性选项卡中选中Animate左侧的单选按钮。将上述动画记录下来，生成fold 3动作滑块，如图10-51所示。

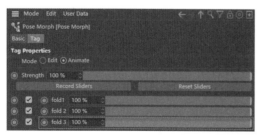

图10-51　fold 3动作滑块

10.3.5　动作测试

本小节将对已经录制的3个动作进行测试核对，为后面的关键帧动画做好准备。

为了便于观察地图模型，可以在"物体"面板中，将Root（根骨骼）的显示暂时关闭。这样地图上绑定的骨骼将不显示，如图10-52所示。

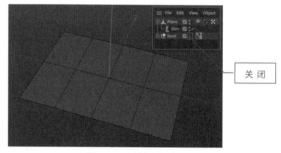

关闭

图10-52　关闭骨骼显示

当3个fold滑块都为0时，地图为完全展开的初始状态，可以同时看到模型上的8个网格，如图10-53所示。

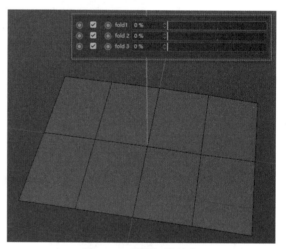

图10-53　地图初始状态

当fold1滑块移动到100%位置时，地图两侧的四分之一幅面同时向内折叠，折叠之后可以看到4个网格，如图10-54所示。

当fold 2滑块移动到100%位置时，上半部分的地图向下折叠，折叠完成后可以看到2

个网格，如图10-55所示。

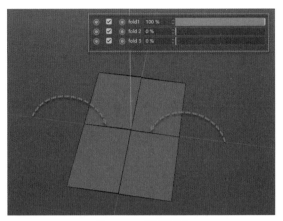

图10-54　折叠两侧

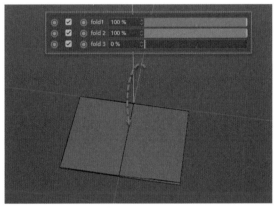

图10-55　第二次折叠

当fold 3滑块移动到100%位置时，左半部分的地图向后翻转折叠，折叠完成后可以看到一个网格，如图10-56所示。

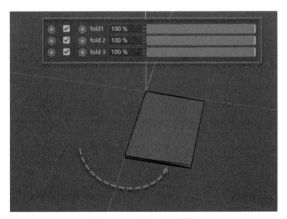

图10-56　第三次折叠

10.4　关键帧动画

在10.3节完成了地图折叠的几个Pose的设置和测试，本节将利用这几个Pose制作关键帧动画。

10.4.1　关键帧动画设置 1

三个折叠动作全部设置、测试完成，即可开始制作关键帧动画。

首先，确保动画时间线上的动画滑块处在0帧处。

将fold 3的进度设置为-100%，单击其左侧的动画记录按钮，该按钮变为红色。在动画时间线的0帧处记录下一个关键帧，如图10-57所示。

图10-57　创建第一个关键帧

将时间线上的动画滑块拖动到第12帧处，将fold 3的进度设置为0%，单击其左侧的动画记录按钮，在第12帧处记录一个关键帧，如图10-58所示。

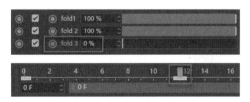

图10-58　创建第二个关键帧

在时间线上，从第0帧向第12帧拖动滑块，将会产生一个地图从右向左逆时针打开的动画，如图10-59所示。

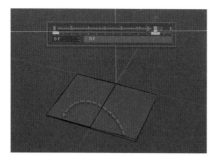

图10-59　第一个关键帧动画

10.4.2　关键帧动画设置2

将时间线上的滑块拖动到第9帧处，在fold 2左侧的动画记录按钮上单击，在第9帧处记录一个关键帧，如图10-60所示。

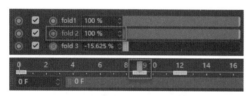

图10-60　创建第三个关键帧

将时间线上的滑块拖动到第22帧处，将fold 2设置为0%，在fold 2左侧的动画记录按钮上单击，在第22帧处记录一个关键帧，如图10-61所示。

图10-61　创建第四个关键帧

将时间线上的滑块拖动到第20帧处，在fold1左侧的动画记录按钮上单击，在第20帧处记录一个关键帧，如图10-62所示。

图10-62　创建第五个关键帧

将时间线上的滑块拖动到第32帧处，将

fold 1设置为0%，在fold1左侧的动画记录按钮上单击，在第32帧处记录一个关键帧，如图10-63所示。

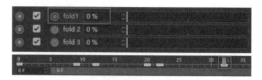

图10-63　创建第六个关键帧

至此，我们创建了六个关键帧，形成一段动画。播放动画时，可以看到一段地图打开。图10-64所示为这段动画中的几个静帧画面。

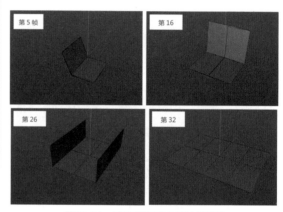

图10-64　地图打开动画静帧画面

10.4.3　动画的优化

在10.4.2节我们完成了地图打开的关键帧动画，但是现在的动画显得比较呆板、无趣，没有动画应有的柔和、夸张的效果。这可以从动画曲线的调整和加载变形器等方面入手解决上述问题。

调整动画曲线。在Pose Morph编辑面板同时选中3个Pose，单击鼠标右键，在弹出的快捷菜单中选择Animation（动画）> Show F-Curve（显示曲线）命令，如图10-65所示。

打开Timeline对话框，该对话框中显示了3个折叠动画的动画曲线，如图10-66所示。

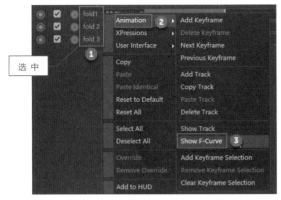

图10-65 选择显示曲线命令

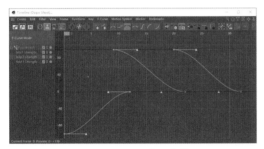

图10-66 显示动画曲线

图10-66中的动画曲线是一种默认状态，虽然都有一定的速率变化（匀加速—匀速—匀减速），但是仍然显得比较平直，不够柔和。在曲线编辑器中，用鼠标拖动曲线调节手柄向右拖动，使曲线变得更加柔和，如图10-67所示。

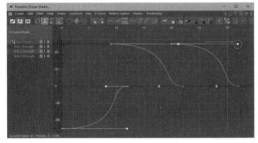

图10-67 调节动画曲线

播放动画，可以看出效果有所改善，但是还不够明显。

加载变形器。单击工具栏上的Bend按钮，在弹出的面板中单击Jiggle（颤动）按钮。在"物体"面板中，将Jiggle变形器拖动到Plane

对象下方，比Skin低一个层级的位置，如图10-68所示。

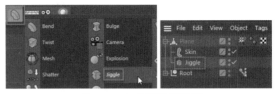

图10-68 加载颤动变形器

再次播放动画，动作柔和、夸张了很多，效果相当理想。图10-69所示为第23帧时，加载颤动变形器的前后结果对比。图10-69（a）的模型显得很平直，图10-69（b）的变形明显夸张了很多。

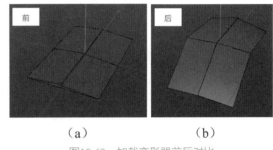

（a） （b）

图10-69 加载变形器前后对比

10.5 材质设定

本节将创建地图的材质，地图的材质是一种单面模型双面材质，正面是地图画面，反面是白色。

10.5.1 创建地图材质

在材质面板双击鼠标，创建一个材质样本球。双击样本球，打开材质编辑器，将其命名为front，如图10-70所示。

在Color参数面板中，单击Texture右侧的浏览按钮，加载配套资源包"第10章 折叠地图"文件夹中的map.jpg贴图文件，如图10-71所示。

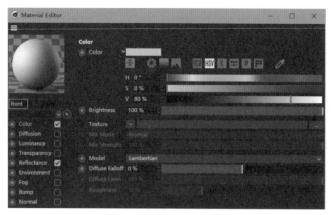

图10-70　创建正面材质

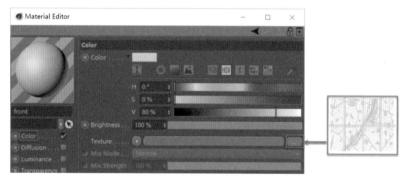

图10-71　加载地图贴图

再创建一个空白样本球，命名为**back**，将其颜色设置为白色，如图10-72所示。

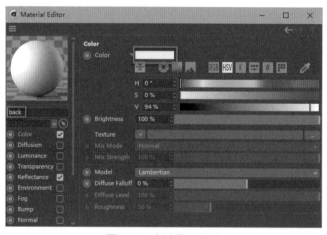

图10-72　创建背面材质

10.5.2　材质正反面设定

将Plane模型都赋予两个样本球，将front材质放在最右侧，如图10-73所示。

在视图中，地图模型上显示地图贴图，如图10-74所示。

图10-73　赋予地图模型材质

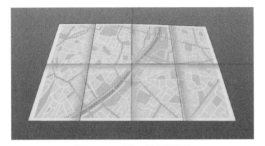

图10-74　显示地图贴图

但是，地图模型的两面都显示相同的贴图，并不符合要求，如图10-75所示。

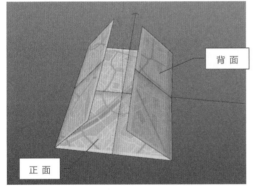

图10-75　地图正反面贴图相同

在"物体"面板中，单击front材质图标，切换到Tag选项卡，将Side（边）设置为Front（正面），将front材质设定为正面材质，如图10-76所示。

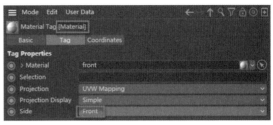

图10-76　设定正面材质

在视图中，地图模型呈现正确的材质，正面为地图贴图，背面为白色，如图10-77所示。

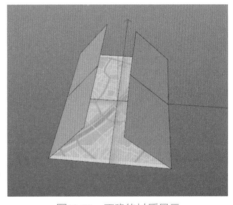

图10-77　正确的材质显示

至此，折叠地图特效动画创建完成。

第**11**章 ｜ 足球草坪

本章讲解一个足球滚过草坪的特效动画创建过程。草坪上的每根草在微风中摇曳，足球从空中落下，在草坪上滚动，滚过的草坪上留下了压痕。图11-1所示为动画中的几个静帧画面。

图11-1　足球草坪动画静帧画面

本案例使用到的模块主要有置换修改器、毛发、湍流、刚体动力学等。

11.1　地面的创建

本节将创建草坪下方的地面模型，并对该模型做贴图和置换处理，使用到的建模工具有材质编辑器、置换修改器等。

11.1.1　创建地面模型

本案例中的草坪是基于一个矩形平面模型生成的，首先创建矩形平面模型。

新建C4D场景，在工具栏上点击Cube按钮并按住，在弹出的面板中，单击Plane按钮，创建一个平面模型，如图11-2所示。

图11-2 创建Plane模型

在视图中，生成一个矩形平面模型，如图11-3所示。

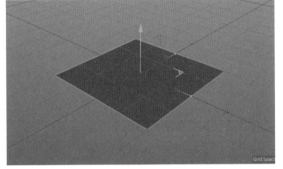

图11-3 Plane模型

在透视图窗口中，执行菜单栏中的Display（显示）> Gouraud Shading(Lines)（光影着色+线条）命令，显示Plane模型的网格面。当前Plane模型是默认的长宽尺寸（400 cm）和默认的分段数（20），如图11-4所示。

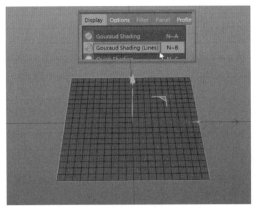

图11-4 显示网格面

11.1.2 地面材质

在材质编辑面板中，双击鼠标创建一个空白样本球。双击样本球，打开材质编辑器。首先将该材质命名为ground。单击Color节点，打开颜色面板，单击Texture右侧的浏览按钮，找到配套资源包"第11章 足球草坪"文件夹中的一个diffuse.tga贴图文件。这是一个地面的贴图文件，如图11-5所示。

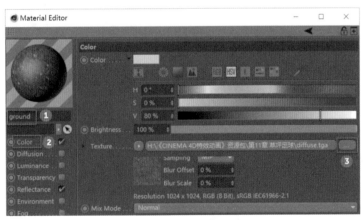

图11-5 加载地面贴图

单击Normal（法线）节点，进入法线贴图面板，单击Texture右侧的浏览按钮，找到配套资源包"第11章 足球草坪"文件夹中的一个normal.tga贴图文件。这是与地面贴图配套的法线贴图，样本球呈现凹凸立体效果，如图11-6所示。

将ground材质样本球拖动到Plane节点上释放，将材质赋予地面模型。在视图中，Plane模型上将呈现地面贴图，如图11-7所示。

图11-6　加载法线贴图

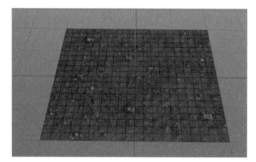

图11-7　地面模型上的贴图效果

在"物体"面板中，选中材质节点，切换到Tag选项卡，选中Seamless（无接缝）右侧的复选框，将Length U和Length V都设置为50%，如图11-8所示。

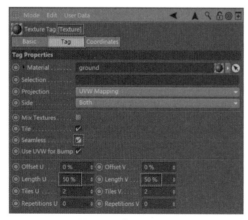

图11-8　贴图UV设置

将贴图两个方向的长度都缩短一半之后，贴图的重复次数增加到2次，模型上的贴图更精细，如图11-9所示。

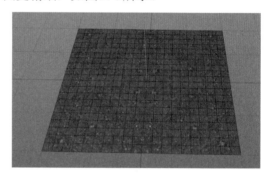

图11-9　精细的贴图效果

11.1.3　贴图置换

目前的Plane地面模型虽然有了贴图，但仍旧只是一个平面。为了表现更真实的三维立体效果，可以使用置换变形器，将贴图转化为模型的形状变化，以获得更逼真的立体效果。

在工具栏上单击Bend按钮，在弹出的面板中，单击Displacer（置换）按钮，创建一个置换变形器，在"物体"面板中，将该对象拖动到Plane下方，如图11-10所示。

图11-10 加载置换变形器

图11-11 设置置换着色模式

选中Displacer对象，切换到Shading（着色）选项卡，将Shader（着色器）设置为Noise（噪波）模式，如图11-11所示。

视图中的Plane模型已经置换成了高低凹凸变形，如图11-12所示。

在Shading选项卡中，单击Noise缩略图，打开其设置面板。在Shader面板中，将Global Scale（全局比例）设置为500%，如图11-13所示。

在视图中，地面模型的高低起伏变得比较柔和，如图11-14所示。

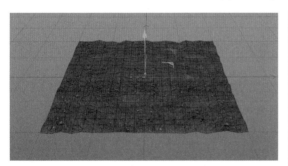

图11-12 凹凸变形的地面

图11-14 地面变形柔和

返回Displacer属性面板，在Object选项卡中，将Height（高度）设置为5cm，如图11-15所示。

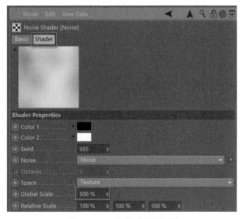

图11-13 设置全局比例

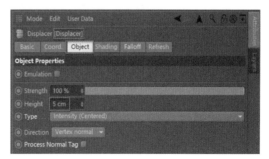

图11-15 设置置换高度

经上述设置，地面模型的高度变形有所变小，如图11-16所示。

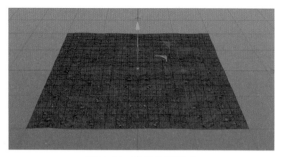

图11-16 高度变形缩小

11.2 草坪的创建

本节将创建草坪上的青草模型，并对青草进行属性设置，并设置青草的材质，使用到的建模工具有毛发、材质编辑器等。

11.2.1 加载毛发

在"物体"面板选中Plane模型，然后执行菜单栏中的Simulate（模拟）> Hair Objects（毛发对象）> Add Hair（加载毛发）命令。在地面模型上添加毛发，地面模型将生成毛发引导线，如图11-17所示。

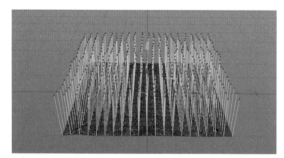

图11-17 加载毛发

选中Hair对象，在Guides（引导线）选项卡中，将Count（数量）设置为1000，将Length设置为20 cm，Root设置为Polygon Area

（多边形区域）模式，选择此选项可以均匀地分布引导线，或多或少地独立于多边形的大小，如图11-18所示。

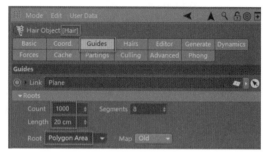

图11-18 设置引导线参数

在Hairs选项卡中，将Root的模式也设置为Polygon Area（多边形区域），如图11-19所示。

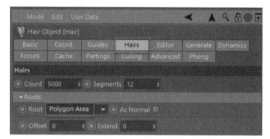

图11-19 设置Hairs模式

切换到Guides（引导线）选项卡，在Editing参数栏单击Regrow（重生成）按钮，重新生成毛发，如图11-20所示。

图11-20 重生成毛发设置

地面模型上，重新生成了毛发，效果如图11-21所示。

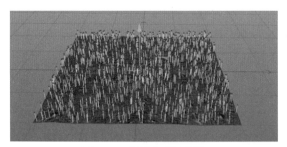

图11-21　重新生成的毛发

图11-22　默认头发材质

11.2.2　创建青草材质

当前，草坪的材质是默认的棕色头发材质。单击工具栏上的Render View按钮，渲染效果如图11-22所示。

双击材质面板中的Hair样本球，打开材质编辑器面板，将Color的渐变色设置成两种不同深浅的绿色。其具体参数设置如图11-23所示。

在Specular（高光）面板中，将Strength（强度）设置为50%，如图11-24所示。

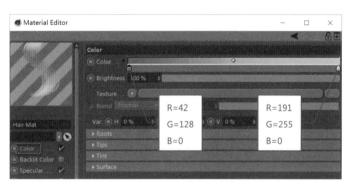

R=42
G=128
B=0

R=191
G=255
B=0

图11-23　设置渐变色

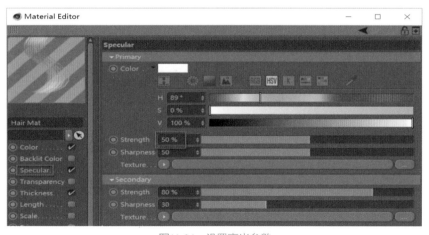

图11-24　设置高光参数

在Thickness面板中，将厚度曲线调整为左高右低形态，如图11-25所示。

在Kink面板中，选中Frizz（卷曲）和Kink（弯曲）复选框。将Kink设置为10%，将Variation（变化）设置为50%，如图11-26所示。

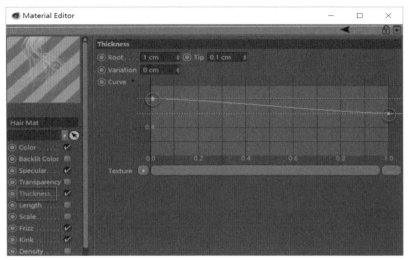

图11-25　发丝厚度设置

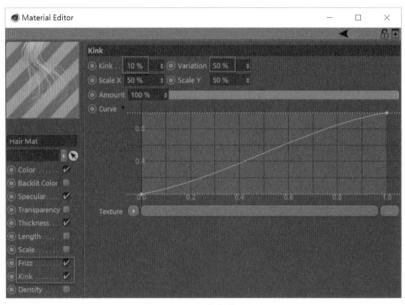

图11-26　毛发卷曲设置

再次渲染草坪模型，效果如图11-27所示。草坪的材质已经初步呈现。

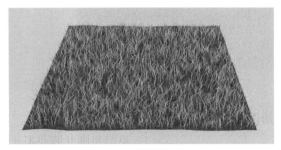

图11-27　草坪渲染效果

11.2.3　草坪的优化

现在草坪的效果已经初步设置好了，但是效果还不理想。最主要的问题是草的密度不够，看上去比较稀疏。

要想增加草的数量，除了增加Count的数量之外，还可以在Hairs选项卡的Cloning参数栏中将Clone（克隆）的数量适当地增加，例如增加到4，如图11-28所示。

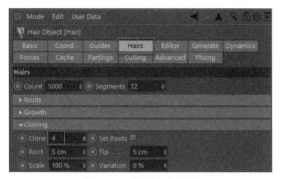

图11-28　设置克隆数量

渲染透视图，草的密度大幅度增加，效果很理想，如图11-29所示。

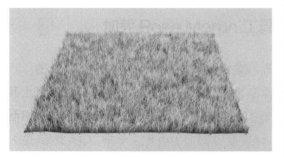

图11-29　草的密度大幅增加

克隆设置将为每根头发创建特定数量的克隆。已克隆的头发可以分别定位在根部和尖端。克隆头发将显著增加要渲染的头发数量，这将相应地增加渲染时间和所需的处理能力。

目前，草坪的静态效果已经基本满意。下面将调试动态效果。

现在如果播放动画，会发现青草都瞬间倒伏在地，如同枯死了一般，如图11-30所示。

图11-30　青草倒伏在地

出现上述情况的原因是，所有的草都默认

受到重力作用，全部自然地向地面倒下。要想解决这个问题，只需要将草的重力关闭即可。

在Hair对象的Forces（力）选项卡中，将Gravity（重力）设置为0，如图11-31所示。

图11-31　设置重力值

再次播放动画，由于没有重力的影响，青草不再倒伏。但是新的问题又出现了，所有的草都始终静止不动，显得毫无生机。

在"物体"面板中选中Hair对象，执行菜单栏中的Simulate（模拟）>Particles（粒子）> Turbulence（湍流）命令，在Hair上方加载一个湍流模拟器，如图11-32所示。

图11-32　加载湍流模拟器

湍流模拟器给所有的青草都加上了一个无序的扰动。再次播放动画，每根青草都在轻微地摇曳，如同被微风吹拂一般，非常生动、真实。

11.3　足球动画的创建

本节将创建足球模型、设置其贴图，并创建足球滚动的动画和动力学效果。

11.3.1　创建足球模型

在工具栏上点击Cube按钮并按住，在弹出的面板中，单击Sphere按钮。创建一个球体模型。在"物体"面板中，将Sphere模型更名为football，如图11-33所示。

图11-33　创建足球模型

在football的Object选项卡中，修改其参数。将Radius（半径）设置为30 cm，Segments（分段）设置为48，Type（类型）设置为Octahedron（八面体），效果如图11-34所示。

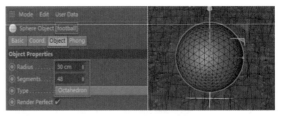

图11-34　设置球体参数

创建一个空白材质样本球，双击打开材质编辑器，将该材质命名为football。在Color面板中，单击Texture右侧的浏览按钮，加载资源包"第11章 足球草坪"文件夹中的Football texture.png贴图，如图11-35所示。

单击Bump（凹凸贴图）节点，打开凹凸贴图面板，单击Texture右侧的浏览按钮，加载资源包中的Football texture.png贴图，如图11-36所示。

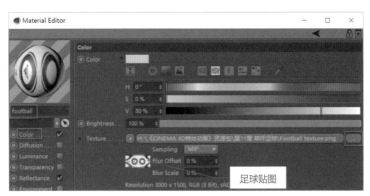

图11-35　加载足球贴图

图11-36　加载凹凸贴图

将football材质加载给"物体"面板的football模型。单击材质图标，在Tag面板中，将Projection（投影）设置为Spherical（球形）方式，如图11-37所示。

图11-37　设置贴图投影方式

在视图中，球体表面将呈现足球贴图，如图11-38所示。

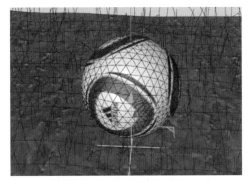

图11-38　球体表面的贴图

11.3.2　足球的动画设置

将足球模型移动到草坪的左上角，垂直方向比青草高15 cm的位置，如图11-39所示。

在"物体"面板中，在football上单击鼠标右键，在弹出的快捷菜单中选择Simulation Tags（模拟标签）> Rigid Body（刚体）命令，如图11-40所示。

现在如果播放动画，足球模型会直接穿过草坪并向下坠落，效果如图11-41所示。

出现上述问题的原因是地面模型没有设

置动力学属性。在"物体"面板中，在Plane上单击鼠标右键，在弹出的快捷菜单中选择Simulation Tags（模拟标签）> Collider Body（碰撞物体）命令，如图11-42所示。

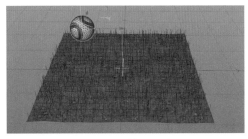

图11-39　放置足球

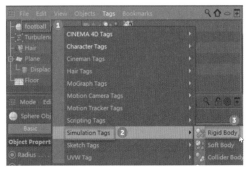

图11-40　加载刚体模拟

图11-41　足球穿过草坪模型

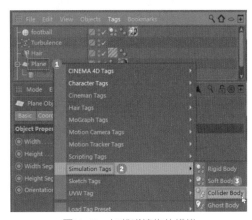

图11-42　加载碰撞物体模拟

播放动画，球体下落到地面模型上之后，在地面上缓慢滚动甚至不动（视球体的下落位置和高度），如图11-43所示。

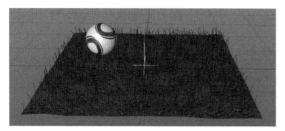

图11-43　足球在草坪上无序滚动

11.3.3　足球动画的优化

虽然足球落在草坪上之后有一定的动态效果，但是还不够明显，球体的运动方向和速度还不可控，需要对其动力学属性做进一步设置。

在"物体"面板中，单击football右侧的刚体模拟按钮，在Dynamics选项卡中，选中Custom Initial Velocity（自定义初始速度）右侧的复选框。在下方的Initial Linear Velocity参数框中，将X轴向的参数设置为100 cm，如图11-44所示。

图11-44　设置X轴向初始速度

上述设置的目的是，给足球加载一个初始的运动方向和速度。当球体落到地面上之后，就会有一个X轴向100 cm/s的初始速度。其他轴向如果需要设置初始运动速度，也可以重复此操作。

播放动画，可以看到足球在下落过程中就向右侧（X轴）移动，下落后也向右侧滚动，效果相当不错，如图11-45所示。

图11-45　足球向右侧滚动

至此，我们已经掌握了控制足球滚动方向和速度的方法。这样可以通过设置三个轴向的Initial Linear Velocity参数，控制足球的运动。如果想让足球沿草坪的对角线滚动，可以添加Z轴向的速度。图11-46所示为X轴和Z轴参数的一种组合，可以形成足球的斜向滚动。

图11-46　足球斜向滚动

11.4　草坪的优化和渲染

本节将优化草坪的动力学属性，并对动画做渲染测试，还要加上环境光等。

11.4.1　草坪动力学优化

在11.3节我们完成了足球在草坪上的滚动动画，现在足球的滚动对草坪没产生任何影响，这显然不符合真实情况。本小节就要解决这个问题。

在football上单击鼠标右键，在弹出的快捷菜单中选择Hair Tags（毛发标签）> Hair Collider（毛发碰撞体）命令，如图11-47所示。

图11-47　加载毛发碰撞

现在足球已经具有毛发碰撞模拟功能。再次播放动画，足球滚过的地方，青草已经有被碾压的效果。在Top视图中，青草被足球碾压倒伏的效果非常明显，如图11-48中红圈中所示。

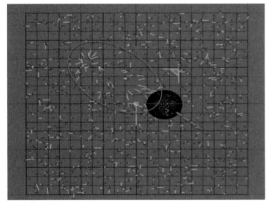

图11-48　足球碾压草坪

现在如果从地面模型的反面或者Right等侧面视图中观察，可以看到足球碾压过的地方会有部分青草穿透了地面模型，如图11-49红圈中所示。

此外，可以给地面模型Plane也加载一个Hair Collider（毛发碰撞体）标签，使地面模型也成为毛发碰撞体，可避免青草穿透的情况出现，如图11-50所示。

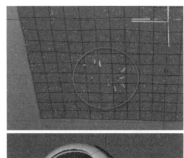

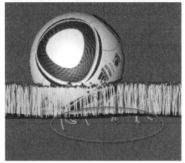

图11-49　青草穿透地面模型

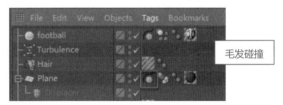

图11-50　地面加载毛发碰撞

11.4.2　草坪渲染

至此，足球与草坪的动画和动力学设置全部完成。单击渲染按钮，渲染一张透视图，效果如图11-51所示。

图11-51　足球草坪渲染图

图11-51有一个比较大的问题是没有光影

效果，因此足球和草坪之间的相对位置关系无法准确表达，画面也显得很不真实。

点击工具栏上的Floor按钮并按住，在弹出的面板中单击Physical Sky（物理天空）按钮，如图11-52所示。

图11-52　加载物理天空

在视图中，创建一个物理天空图标，如图11-53所示。

图11-53　物理天空图标

接下来，可以在Physical Sky属性选项卡中设置相关参数，例如时间和位置等。该工具可以精确地模拟地球上任意位置、任意时

间的阳光强度、色温和入射角度等属性，如图11-54所示。

图11-54　设置日光时间

最后，渲染透视图，得到一个非常真实的图像，效果如图11-55所示。

图11-55　真实的渲染图像

至此，足球草坪特效动画创建完成。

第12章 | 毛发文字

本章讲解一个动态毛发文字特效的创建过程。带有毛发的文字特效非常炫酷，惹人喜爱，被广泛应用在各种广告和宣传片中。本章的毛发文字是一种典型的案例，既可以做成静帧图像用于各种平面广告、网店装饰，又可以做成动画用于宣传片或视频广告。图12-1所示为毛发文字的一个静帧画面。

图12-1　毛发文字静帧图

毛发文字使用到的模块主要有多边形建模、毛发、风力模拟、材质编辑等。

12.1　文字的建模

本节将创建用于生成毛发的文字模型，使用到的建模工具有多边形建模、细分曲面等。

12.1.1　导入背景图

要想制作毛发文字，首先需要有立体文字。本案例需要使用一种非常可爱、圆润的三维文字模型，在一般字库里很难找到符合

要求的字体。图12-2所示为一种采用字库字体编辑而成的立体文字，尽管采用了各种方法做了编辑处理，但还是显得棱角分明，不够圆润、可爱。

图12-2　字库模型生成的立体文字

遇到这种情况，或者是一些经过特别设计、字库里没有的字体，就需要采用手工建模的方式来创建立体文字。

C4D提供了多种建模方法，本案例采用最常见的多边形建模模块。

为了提高操作效率和制作精度，可以先绘制好特殊字体的轮廓线制作成背景图，放置到C4D的视图中作为建模的参照。通常，放置背景图的视图都是前视图或者俯视图之类的正交视图。

新建C4D场景，激活Front视图，按Shift+V组合键，在右侧界面将打开一个Viewport（视图）面板，切换到Back选项卡，单击Image（图像）右侧的浏览按钮，如图12-3所示。

打开配套资源包"第12章 毛发文字"文件夹中的back.png图像文件。Front视图中将显示一张背景图像，图像中有字体的轮廓图

像，如图12-4所示。

图12-3　浏览背景图

图12-4　加载背景图

在前视图窗口，执行菜单栏中的Display（显示）> Gouraud Shading(Lines)（光影着色+线条）命令，显示模型的网格面。在透视图中也做相同的操作。这样在两个视图中，模型将显示表面结构线。

12.1.2　创建字母 L

四个字母需要单独创建建模，首先创建字母L。

在工具栏上单击Cube按钮，在视图中创建一个立方体模型，如图12-5所示。

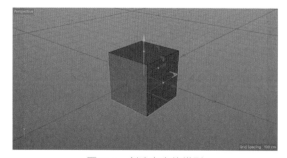

图12-5　创建立方体模型

在立方体的Object选项卡中，将其三个维度的尺寸和分段数按需要重新设置，具体设置如图12-6所示。

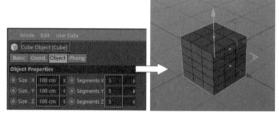

图12-6　设置立方体参数

选择立方体模型，按C键，将其转换为可编辑状态，成为多边形模型。

使用缩放工具，在前视图中先将立方体等比例缩小到与字母L宽度基本相同，再沿Y轴向拉长，使其与字母L高度基本相同，如图12-7所示。

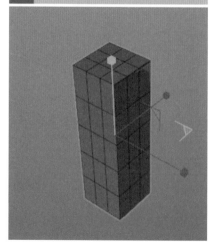

图12-7　编辑立方体形状

进入Polygon模式，选中右下角的六个多边形面。使用Extrude（挤压）工具，将这六个面向外挤压，挤压到背景图字母L最右侧位置，如图12-8所示。

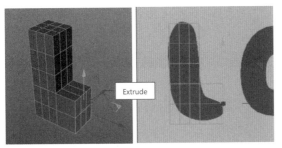

图12-8　挤压多边形

立方体经过上述编辑，已经大致形成了一个大写的字母L形。

接下来，通过编辑多边形上的顶点来改变模型的形状。选中左外侧的两排顶点，使用缩放工具和移动工具，将两排顶点向内部收缩。再选择右侧的两排顶点做相同的操作，使立方体的上端面大致形成一个圆形，如图12-9所示。

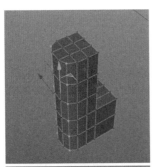

图12-9　编辑四组顶点

在前视图中，参考背景图编辑模型的顶点，使其大致与字母L轮廓一致，如图12-10所示。

图12-10　编辑正视图轮廓

仔细编辑模型表面的顶点，使其形状更加圆润，如图12-11所示。

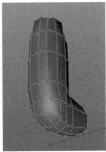

图12-11　模型逐渐圆润

在"物体"面板中选中立方体，单击工具栏上的Subdivision按钮，创建一个细分曲面发生器。再将Cube模型拖动到Subdivision Surface下方，对立方体进行细分处理，效果如图12-12所示。

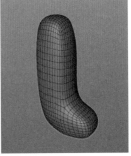

图12-12　细分立方体

在Cube模型下，在前视图中仔细编辑模型的顶点，使细分之后的模型轮廓与背景图尽量贴合，如图12-13所示。

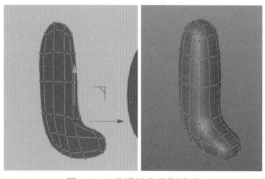

图12-13　编辑细分模型轮廓

最后，按C键，将模型转换成多边形，完成模型的创建。可以看到，模型不仅非常圆润，而且表面的多边形分布均匀、细致，为后面的毛发创建提供了良好的基础，如图12-14所示。

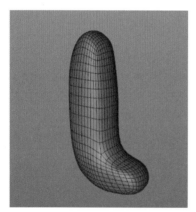

图12-14　完成字母L模型

12.1.3　创建字母 O

字母O的形状与圆环模型非常接近，因此可以用基本模型圆环改造生成。

在工具栏上点击Cube按钮并按住，在弹出的面板中单击Torus按钮，创建一个圆环模型，如图12-15所示。

在圆环的Object选项卡中，设置其几何参数。在前视图中，将模型和背景图中的字母O对准，如图12-16所示。

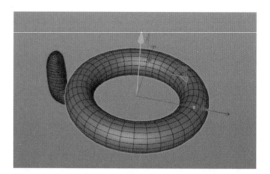

图12-15　创建圆弧模型

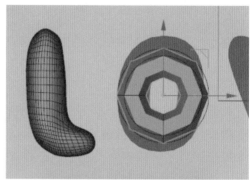

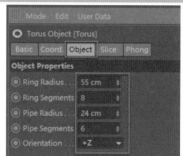

图12-16　设置圆环参数和位置

选中圆环模型，按C键，将其转换为可编辑状态。在前视图中大致编辑模型的形状，使其与背景图贴合，如图12-17所示。

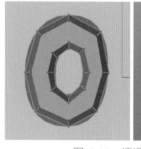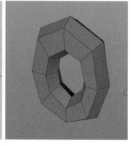

图12-17　编辑圆环形状

为圆环加载细分曲面生成器，在前视

图中仔细编辑模型的轮廓，尽量与背景图贴合，如图12-18所示。

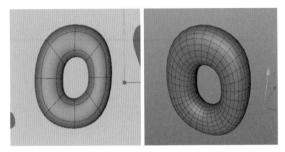

图12-18　编辑圆环轮廓

12.1.4　创建字母 V

字母V的建模是采用立方体作为基础模型编辑得到的。

在工具栏上单击Cube按钮，创建一个立方体模型。使用移动工具和缩放工具，将立方体放置到背景图字母V的下方，参数设置如图12-19所示。

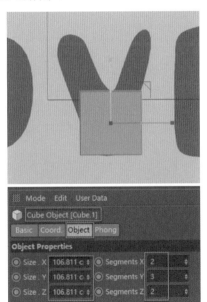

图12-19　创建立方体

选中立方体模型，按C键，将其转换为可编辑状态。在前视图中将模型编辑成一个倒梯形，与背景图中字母V的下半部分贴合，

如图12-20所示。

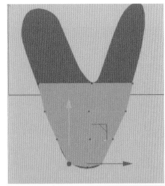

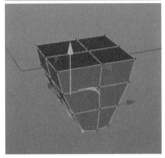

图12-20　编辑成倒梯形

将倒梯形上端面的四个面分两组向上挤压，再将两个端面向两侧移动，形成一个V字形，如图12-21所示。

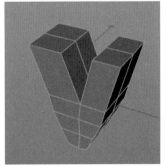

图12-21　编辑成V字形

在边模式下，为两侧挤出的部分各增加两个高度方向上的分段，如图12-22所示。

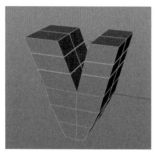

图12-22 增加高度分段

为模型加载细分曲面生成器，在前视图中仔细编辑模型的轮廓，使其尽量与背景图相贴合，如图12-23所示。

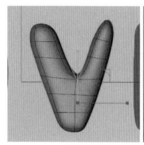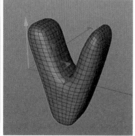

图12-23 加载细分曲面

最后再对模型的细节做一些调整、编辑，完成模型的创建，效果如图12-24所示。

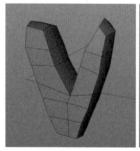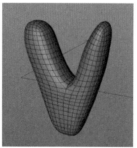

图12-24 完成字母V模型

12.1.5 创建字母 E

字母E的外形比较规则，适合用立方体编辑得到最终模型。

在工具栏上单击Cube按钮，创建一个立方体模型。使用移动工具和缩放工具，将模型放置到背景图字母E的左侧。Object属性设置如图12-25所示。

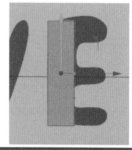

图12-25 设置立方体的参数和位置

同时选中长方体右侧的三组多边形，并向右侧挤出，形成一个大写的字母E字形，如图12-26所示。

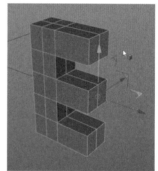

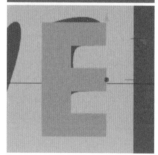

图12-26 挤压三组多边形

在边模式下，使用Loop / Path Cut（环形、路径切割）工具在模型上切出几组循环边，如图12-27所示。

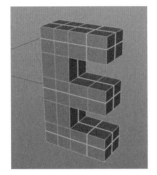

图12-27　切割几组循环边

为模型加载细分曲面生成器，在前视图中仔细编辑模型的轮廓，使其尽量与背景图相贴合，如图12-28所示。

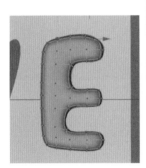

图12-28　编辑模型轮廓

再对模型做细致的编辑处理，使模型饱满、圆润，最终效果如图12-29所示。

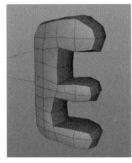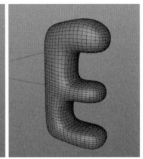

图12-29　字母E模型最终效果

将四个字母模型同时选中，在视图中单击鼠标右键，在弹出的快捷菜单中选择Connect Object+Delete（合并对象+删除）命令，将四个单独的模型合并为一个模型，同时删除原模型。将合并后的模型命名为text，如图12-30所示。

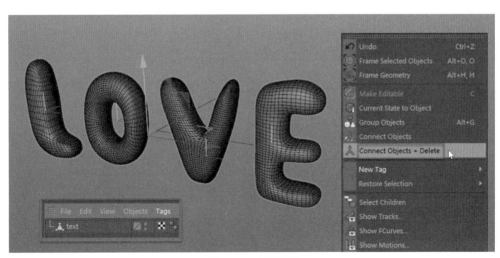

图12-30　合并模型

12.2　毛发的创建

本节将创建立体文字表面的毛发并做动力学设置，使用到的模块有毛发和材质编辑器等。

12.2.1　创建毛发

为了后面的操作方便，要统一尺寸和比例关系，首先将12.1节创建的立体文字做缩放处理，采用等比例缩放将模型的整体宽度设置为4 cm，如图12-31所示。

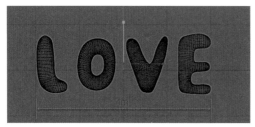

图12-31　缩放模型

在"物体"面板中选中text模型，执行菜单栏中的Simulate（模拟）> Hair Objects（毛发对象）> Add Hair（添加毛发）命令，为立体文字添加毛发。当前根据默认值设置的毛发太长，在Hair Object的Guides选项卡中，将Length修改为15 cm，如图12-32所示。

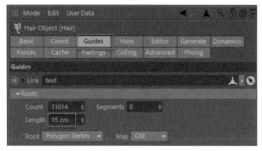

图12-32　添加并修改毛发长度

在视图中，毛发文字的显示结果如图12-33所示。为了节约系统资源，这里显示的只是毛发的引导线。

图12-33　显示毛发引导线

播放动画时，所有毛发受重力作用向下垂坠，说明毛发系统运行正常，如图12-34所示。

图12-34　毛发垂坠

12.2.2　毛发材质编辑

在材质编辑面板中，双击毛发样本球，打开材质编辑器。首先编辑毛发的颜色，在Color（颜色）面板中将毛发的颜色编辑成一种天蓝色的渐变色，如图12-35所示。

在Specular（高光）面板中，将高光色设置成一种极浅的蓝色，如图12-36所示。

在Scale面板中，选中Scale（比例）和Frizz（卷曲）右侧的复选框，将Scale设置为120%，如图12-37所示。

在Displace面板中，选中Displace（置换）右侧的复选框，将Displace设置为50%，如图12-38所示。

渲染透视图，得到一个初步的结果，如图12-39所示。现在最主要的问题是毛发数量太少。

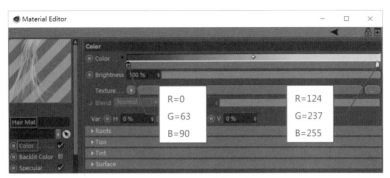

图12-35　编辑头发颜色

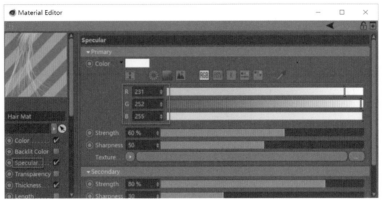

图12-36　设置高光色

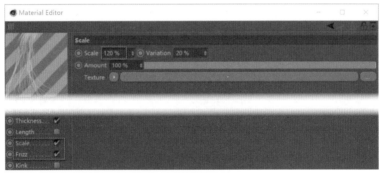

图12-37　设置比例和卷曲

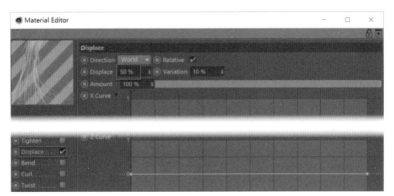

图12-38　设置置换参数

图12-39 初步渲染结果

图12-41 增加毛发之后的渲染结果

在"物体"面板中，选中Hair对象，在Hairs选项卡中，将Count（数量）设置为80000，如图12-40所示。

图12-40 设置发丝数量

渲染结果如图12-41所示。毛发数量大幅增加之后，效果也好了很多。

12.2.3 创建立体文字和背景材质

为了更好地表现整体效果，还需要设置立体文字的材质。

新建一个材质样本球，双击打开材质编辑器，编辑一种蓝色材质，将该材质赋予text模型，如图12-42所示。

将上述材质赋予立体文字，效果如图12-43所示。

图12-42 设置立体文字材质

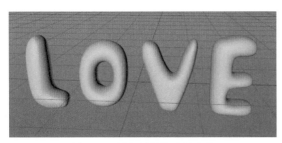

图12-43 添加材质的立体文字

接下来，再编辑一种漂亮的背景色，使整体效果更好。在工具栏上点击Floor按钮并按住，在弹出的面板中，单击Background

按钮，创建一个背景节点，如图12-44所示。

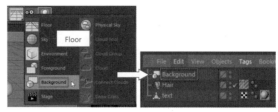

图12-44 加载背景

新建一个材质样本球，打开材质编辑器，首先将材质命名为back。在Color面板中，将Texture设置为Gradient（渐变色）模式，如图12-45所示。单击渐变色图标，进行下一步编辑。

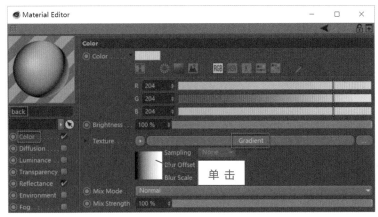

图12-45　设置渐变贴图模式

随即打开渐变色编辑面板，将Type设置为2D-Circular（圆形）模式。将渐变色编辑为一种粉红色，如图12-46所示。

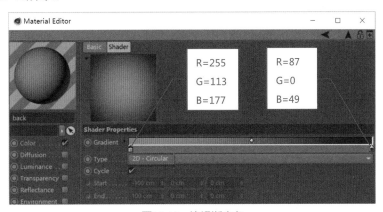

图12-46　编辑渐变色

把back材质赋予Background节点，即可生成背景色。渲染效果如图12-47所示，加上了背景色，渲染图更加时尚。

图12-47　带有背景的渲染图

12.3　创建毛发动画

本节将创建毛发的动力学属性以及灯光照明，使用到的建模工具有风力模拟等。

12.3.1　创建风力模拟

到目前为止，毛发文字基本还是一种静止状态，没有做成动画。如果想让毛发动起来，方法有很多种，比如采用第11章足球草坪中的Turbulence（湍流）模拟器，这个模拟器的效果读者可以自行操作一下。本节介绍另一种非常好用的动画模拟器——风力。

在"物体"面板中，选中Hair对象，执行菜单栏中的Simulate（模拟）> Particles（粒子）> Wind（风力）命令，创建一个形似电风扇图标的风力模拟器，如图12-48所示。

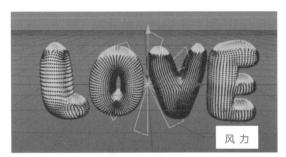

图12-48　创建风力模拟器

使用移动、旋转等工具设置风扇图标的位置，将风扇放置在立体文字的左上方。注意，风扇图标箭头的方向要朝向目标对象，切勿弄反，如图12-49所示。

图12-49　设置风力方位

在"物体"面板中选中Wind模拟器，在Object选项卡中设置相关参数，具体设置如图12-50所示。

Wind Speed（风速）为风力强度。

Turbulence为湍流值，如果要将内部3D噪波变化的风速添加到现有风速上，数值越大，湍流越强。粒子甚至可以开始沿与风速

方向相反的方向移动。

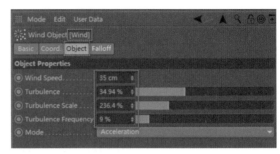

图12-50　设置风力参数

Turbulence Scale（湍流比例）用于计算湍流的内部3D噪波的比例。该值越小，粒子的速度变化越大，风将变得更"不稳定"；该值越大，粒子流越均匀，其速度变化越慢。

Turbulence Frequency（湍流频率），设置噪波随时间变化的频率。该值越小，噪波变化越慢；该值越大，噪波变化越快。

播放动画，风力模拟器开始起作用，毛发被风吹向右侧，特效十分生动，如图12-51所示。

图12-51　风吹毛发效果

12.3.2　创建光源

目前，毛发文字的材质、背景和动态已经设置完成。要想获得更逼真的结果，还需要一定的光影加持。

单击工具栏上的Light（光源）按钮，创建一个点光源。在视图坐标原点上，生成一

个点光源图标，如图12-52所示。

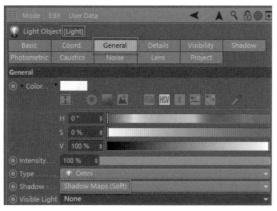

图12-52　创建点光源

接下来，设置一下光源的参数。在General（通用）选项卡中，可以对光源的颜色、强度（Intensity）和阴影（Shadow）等属性进行设置。在本案例中，最关键的是要打开阴影属性，将其设置为Shadow Maps（Soft），即阴影图类型，如图12-53所示。

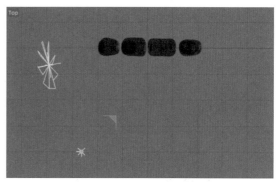

图12-54　设置光源位置

渲染透视图，加上了光源和阴影，渲染效果更加逼真，如图12-55所示。

图12-53　设置光源属性

在视图中，移动光源的位置，将其放置到毛发文字的左上方，如图12-54所示。

图12-55　最终的渲染效果

至此，毛发文字特效动画创建完成。

本章讲解一个拟人模型骨骼绑定和动画制作过程。动画对象为一个可爱的面包宝宝造型，如图13-1所示。

图13-1　面包宝宝的动态

本案例使用到的模块主要有多边形建模、FFD变形控制器、骨骼绑定、PSR控制器等。

13.1　面包模型的创建

本节将创建吐司面包模型并编辑材质，使用到的主要建模技法为多边形建模。

13.1.1　创建吐司面包 1

首先创建吐司面包片模型，采用的是多边形建模技法。

新建C4D场景，在工具栏上单击Cube按钮，创建一个立方体。在其属性面板中对三个维度的分段进行设置，长、宽、高尺寸保持不变，具体设置如图13-2所示。

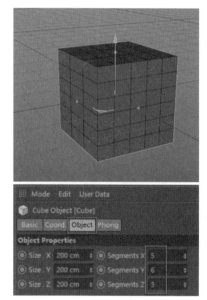

图13-2　设置立方体分段

选中立方体，按C键，将其转换为可编辑多边形。使用缩放工具，沿Z轴向将其压扁至38%，如图13-3所示。

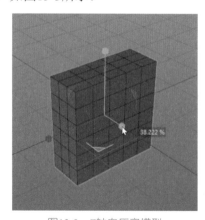

图13-3　Z轴向压扁模型

采用Point（顶点）模式，在Front（前）视图，使用移动、缩放等工具编辑立方体的轮廓形状，大致呈现吐司面包片的横截面形状，如图13-4所示。

图13-4　编辑轮廓

13.1.2　创建吐司面包 2

单击工具栏上的Subdivision（细分曲面）按钮，加载一个细分曲面修改器。将Cube模型放置到Subdivision Surface下方，成为其子物体，对模型进行细分处理，如图13-5所示。

图13-5　加载细分曲面

在细分状态下，采用Point（顶点）模式，使用移动、缩放等工具，继续在前视图中编辑模型轮廓形状，如图13-6所示。

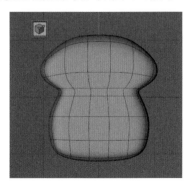

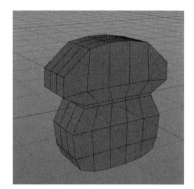

图13-6　细分模式下的形状编辑

选中Z轴向中间的两排顶点，在前视图中将选中的顶点等比例放大，使中间部分的曲面隆起，如图13-7所示。

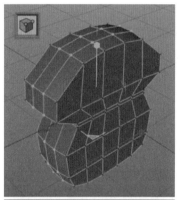

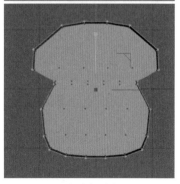

图13-7　中间隆起设置

在Polygon（多边形）模式下，选中正面端面上的所有多边形。使用Bevel（倒角）工具，将选中的面稍微缩小，如图13-8所示。

在边模式下，使用Loop Path Cut（切割环形边）工具，在模型上方切割出一组环形边，再用顶点模式编辑这组环形边的形状，结果如图13-9所示。

再对模型上的点进行细致编辑，形成最终的模型成品，效果可参考图13-10。

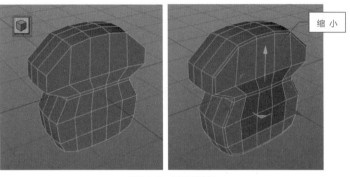

图13-8　端面倒角

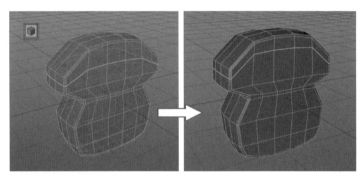

图13-9　切割并编辑环形边

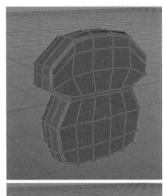

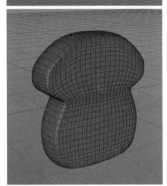

图13-10　完成模型

13.1.3　吐司面包材质编辑

创建一个空白材质样本球，双击打开其编辑面板，将其命名为core。在Color面板中，编辑一种金黄色，作为面包芯材质，如图13-11所示。

在Polygon模式下，选中正面端面中心部分的所有多边形，把样本球拖动到选中的多边形上后释放鼠标，将材质赋给这些多边形，如图13-12所示。

创建一个空白材质样本球，双击打开其编辑面板，将其命名为crust。在Color面板中，编辑一种咖啡色，作为面包外皮材质，如图13-13所示。

选中模型上core材质以外所有的多边形，将上述咖啡色材质赋给这些多边形，效果如图13-14所示。

图13-11　创建金黄色材质

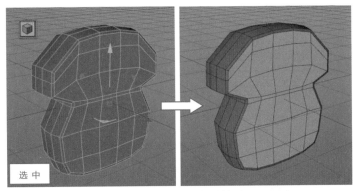

图13-12　创建面包芯材质

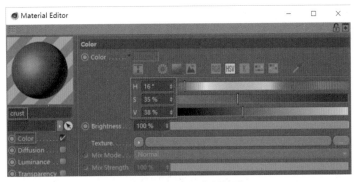

图13-13　创建咖啡色材质

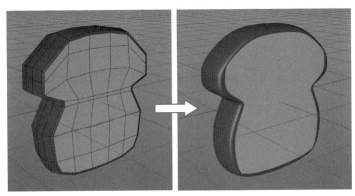

图13-14　加载面板外皮材质

13.2 其他模型的创建

本节将创建吐司面包上的其他几个模型并编辑材质，使用到的主要建模技法为多边形建模。

13.2.1 创建眼睛模型

面包宝宝的眼睛采用Sphere（球体）模型编辑得到。在工具栏上点击Cube按钮并按住，在弹出的面板中单击Sphere按钮，创建一个球体模型。

将球体的半径设置为28 cm，沿X轴转动90°，如图13-15所示。

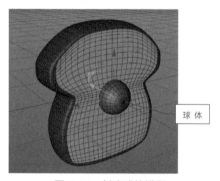

图13-15 创建球体模型

选中球体模型，按C键，将其转换为可编辑多边形。使用缩放工具，将其X轴向的厚度压缩到48 cm，Y轴向的厚度压缩到26 cm，形成一个椭球体，如图13-16所示。

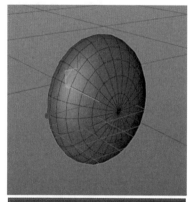

图13-16 压缩两个轴向的厚度

创建一个空白材质样本球，双击打开其编辑面板。将其命名为eye-blue，在Color面板中，编辑一种深蓝色，作为瞳孔材质。

在Reflectance（反射）面板中，将反射设置为一种高亮度效果，如图13-17所示。

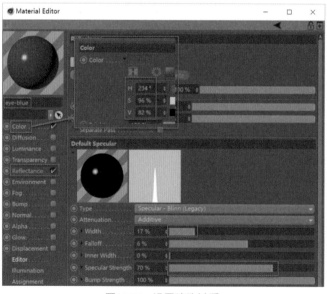

图13-17 设置瞳孔材质

再创建一个材质样本球，命名为eye-white，设置为纯白色，作为眼白的材质，如图13-18所示。

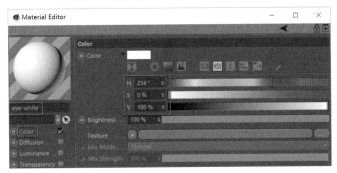

图13-18　设置眼白材质

将上述两种材质分别赋予椭球体上的两组多边形面，形成眼睛材质，如图13-19所示。

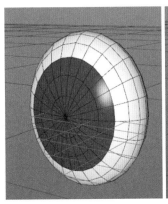
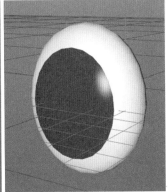

图13-19　眼睛材质

将球体模型复制一个，分别放置到吐司模型两侧，形成两只眼睛，如图13-20所示。

图13-20　复制眼睛

13.2.2　创建嘴唇和牙齿模型

嘴唇模型可以用圆环模型修改得到。在工具栏上点击Cube按钮并按住，在弹出的面板中，单击Torus（圆环）按钮，创建一个圆环模型。在Object选项卡中设置几何参数，如图13-21所示。

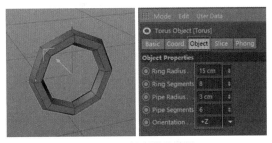

图13-21　创建圆环模型

选中圆环模型，按C键，将其转换为可编辑多边形。在顶点模式下，编辑圆环上的顶点，使其成为一个嘴唇形状，如图13-22所示。

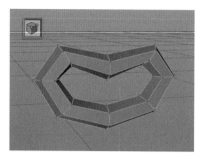

图13-22　编辑成嘴唇形状

单击工具栏上的Subdivision（细分曲面）按钮，加载一个细分曲面修改器。将圆环放置到Subdivision Surface下方，成为其子物体，对模型进行细分处理，如图13-23所示。

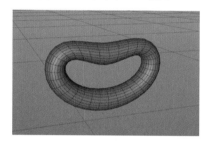

图13-23　细分嘴唇模型

最后，编辑一种浅棕色材质赋给嘴唇模型，如图13-24所示。

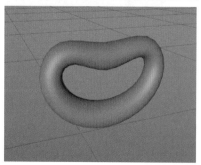

图13-24　嘴唇材质设置

牙齿模型可以使用Sphere作为基础模型修改得到。创建一个Sphere模型，半径设置为4 cm，放置到嘴唇中间位置。

按C键，将其转换为可编辑多边形。使用缩放工具，将牙齿X轴向和Z轴向压扁，形成牙齿模型，如图13-25所示。

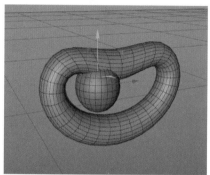

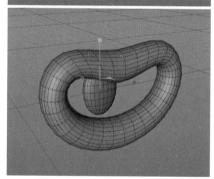

图13-25　创建牙齿模型

复制一个牙齿模型，放置到嘴唇中间位置。再创建一个白色材质，赋予两个牙齿模型，如图13-26所示。

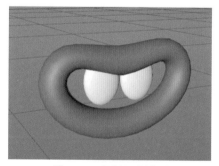

图13-26　复制牙齿模型

显示目前为止做好的全部模型，调整模型之间的位置和比例关系，效果如图13-27所示。

图13-27　模型的位置和比例关系

13.2.3 创建眉毛模型

眉毛模型可采用球体模型修改得到。创建一个Sphere模型，将其绕Z轴旋转90°，参数设置如图13-28所示。

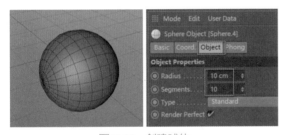

图13-28　创建球体

选中球体模型，按C键，将其转换为可编辑多边形。使用缩放工具，沿X轴将其拉长到50 cm，形成一个椭球体，如图13-29所示。

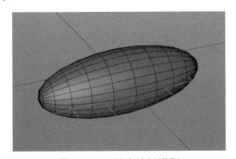

图13-29　X轴向拉长模型

选中球体模型，按住Shift键，单击工具栏上的Bend（弯曲）按钮，为其加载一个弯曲修改器，如图13-30所示。

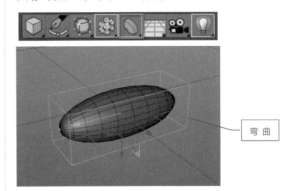

图13-30　加载弯曲修改器

在Bend变形器的Object选项卡中，将Strength（强度）设置为70°，将球体弯曲呈香蕉状，作为眉毛模型，如图13-31所示。

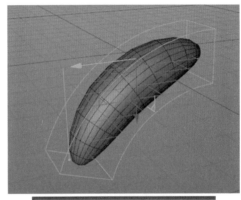

图13-31　弯曲呈香蕉形

把眉毛模型放置到一只眼睛模型上方，再复制出另外一个，放置到另一只眼睛上方，如图13-32所示。

最后，给两个眉毛模型设置一种咖啡色材质，效果如图13-33所示。

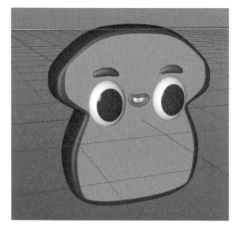

图13-32　复制并放置眉毛模型

图13-33　添加眉毛材质

至此，面包宝宝模型全部制作完成。

13.3　FFD 和骨骼的创建

本节将创建面包宝宝的变形控制器和骨骼绑定，为后面的动画控制步骤做好准备，使用到的工具有FFD变形器和骨骼设置等。

13.3.1　整理"物体"面板

目前，所有的模型都已创建完成，模型数量比较多，使用的都是默认名称，显得比较乱。为了方便后面的操作，需要对"物

体"面板做一个整理。现在的"物体"面板和对应的模型名称如图13-34所示。

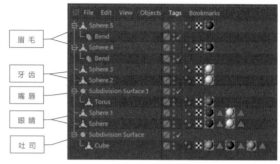

图13-34　"物体"面板对应模型名称

将Sphere.2和Sphere.3所对应的两个牙齿模型同时选中，执行快捷菜单中的Connect Object+Delete（合并+删除）命令，将两个模型合并，并命名为teeth。

对其他模型按照图13-34中对应的名称重命名，结果如图13-35所示。

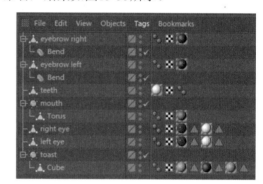

图13-35　重命名所有的模型

按住Shift键，将模型逐一加选至全部选中，按Alt+G组合键，将所有的模型打组为一个集合Null。再将Null命名为toast group，如图13-36所示。

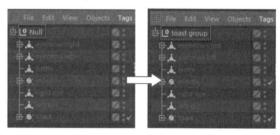

图13-36　打组模型并重命名

再把两个眉毛模型打成一个组，命名为eyebrows。将两个眼睛模型打成一个组，命名为eyes，如图13-37所示。

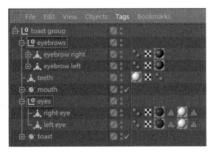

图13-37　创建两个组

经过上述整理，"物体"面板变得井井有条，令人一目了然。

特别提示：及时整理"物体"面板是一种非常好的操作习惯，可以大大提高工作效率，减少出错概率，尤其是在团队配合、流水线作业的情况下更有必要。

13.3.2　加载 FFD 修改器

下面的工作就是让模型动起来，对于这种相对比较简单的模型，可以采用FFD加骨骼驱动的模式形成对模型的变形控制。

在工具栏上点击Bend按钮并按住，在弹出的面板中单击FFD按钮，如图13-38所示。

图13-38　加载FFD修改器

在视图中，生成一个笼形网格形状的FFD修改器，如图13-39所示。

在FFD的Object选项卡中，设置其相关参数。通过三个轴向的Grid Size控制其三维尺寸，使FFD恰好包裹住吐司模型，如图13-40所示。

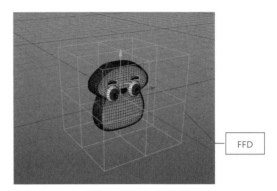

图13-39　FFD修改器

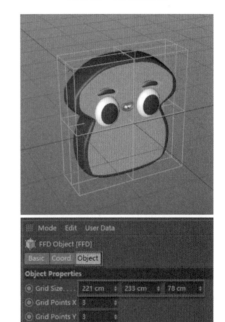

图13-40　设置FFD属性

FFD的默认位置在物体列表的最上方，这种状态是无法对面包模型产生影响的。将FFD拖动到toast group下方，成为其子物体，并确保其位置在所有子物体的最上方，如图13-41所示。

图13-41　移动FFD位置

13.3.3 FFD 修改器测试

选中FFD，进入顶点模式，网格上的交点将显示为蓝色小点，这些小点就是网格点。选中一个或若干个网格点并做移动、旋转或缩放等操作，即可以控制其内部包裹的对象产生变形。图13-42所示为移动右上角三个控制点发生的变形结果。

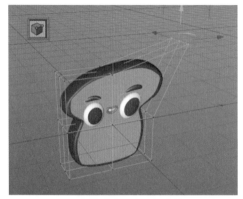

图13-42　移动网格点产生变形

同时选中顶部的9个网格点并做旋转操作，模型的头部也会发生扭转变形，如图13-43所示。其他的变形控制效果读者可自行操作。

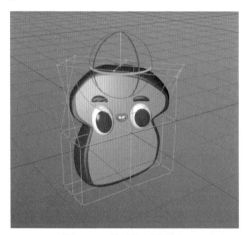

图13-43　旋转控制点操作

目前，FFD上的网格点数量是默认的27（3×3×3）个，显得有点少，并不能对模型实现精细控制，可以在其属性面板中适当地加大三个轴向的Grid Points（网格点）数值。设置的原则是使网格点均匀地分布在模型周围，方便做精细的变形控制，如图13-44所示。

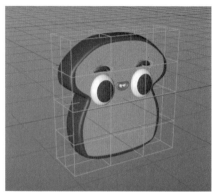

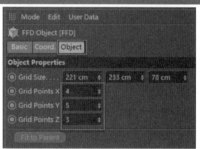

图13-44　增加网格点数量

由于加入了更多的网格点，可以对模型的变形做更细腻的控制，变形的结果也更柔和，如图13-45所示。

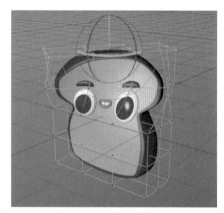

图13-45　精细的变形

13.3.4 创建骨骼系统

目前，虽然可以通过FFD上的网格点控

制模型的变形，但是控制起来并不方便。我们可以引入骨骼来控制FFD，再通过控制骨骼的运动来间接控制FFD上的网格点，这样操作非常方便、高效。

执行菜单栏中的Character（角色）→Joint Tool（骨骼工具）命令。使用骨骼工具，在Front视图中，按Ctrl键，从FFD的底部向上创建三根骨骼。下方的两个分段各对应一根骨骼，上方的两个分段对应一根骨骼。创建的顺序和位置如图13-46所示。

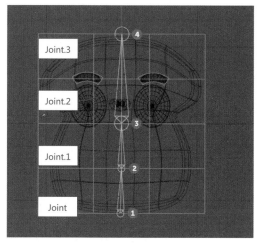

图13-46　创建骨骼

单击根骨骼Root选中整个骨骼链，在Top或Right视图中移动骨骼链，将其移动到FFD的Z轴向居中的位置，如图13-47所示。

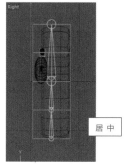

图13-47　移动骨骼链

至此，骨骼系统创建完成。

13.4　控制器的创建

到13.3节骨骼链已经建立起来了，本节将在骨骼链和FFD之间建立关联，让骨骼链控制FFD变形，再创建PSR控制器控制骨骼，完成全部绑定工作。

13.4.1　绑定 FFD

在"物体"面板中，按Ctrl键，逐一单击四根骨骼和FFD，将五个节点同时选中。再执行菜单栏中的Character（角色）> Commands（命令）> Bind（绑定）命令，如图13-48所示。

图13-48　绑定骨骼和FFD

经过上述操作，已经把骨骼系统和FFD做了绑定。如果操作无误，就可以用骨骼来控制FFD的变形了。

现在可以测试一下，如果选中joint.2骨骼并对其做旋转、移动等操作，可以看到骨骼带动FFD做变形的效果。图13-49所示为骨骼向左转动和向后转动时的情形。

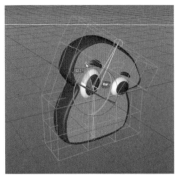

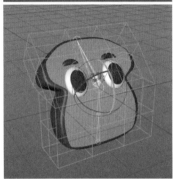

图13-49　测试2号骨骼

如果选中joint.1骨骼并做旋转操作，该骨骼将带动joint.2骨骼一起转动，并产生变形，如图13-50所示。

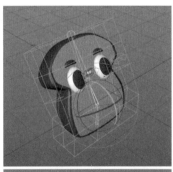

图13-50　测试1号骨骼

上述测试如果发现FFD不能跟随变形的情况，可以在"物体"面板中将FFD右侧的绑定图标删除，然后按照图3-48所示的方法重新加载绑定，如图13-51所示。

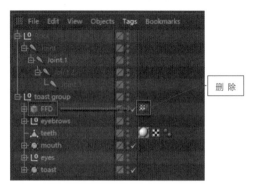

图13-51　删除绑定

13.4.2 权重设置

在做骨骼旋转测试的时候，如果出现类似图13-52所示的一个或多个网格点没有跟随移动的情况，说明骨骼的权重存在问题。

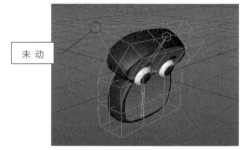

图13-52　骨骼权重问题

修改骨骼权重需要使用权重工具，以图13-52中的情况为例。首先选中需要修改权重的2号骨骼Joint.2，执行菜单栏中的Character（角色）> Weight Tool（权重工具）命令，进入权重设置状态，可以看到图13-52中那个未被移动的网格点的颜色与周围的网格点不同，显示为深蓝色，说明这个网格点的权重与周围的不同。将权重笔刷放到该网格点上，显示的信息为FFD[56](100%)，说明该网格点

（56号点）没有受到Joint.2的控制，如图13-53所示。

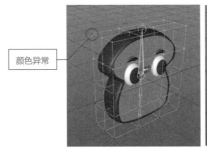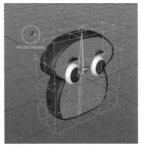

图13-53　网格点权重异常

　　把权重笔刷放到周围其他网格点上，显示的信息如图13-54所示。这其中包括Joint.2(100%)，说明该点受到2号骨骼的影响为100%。

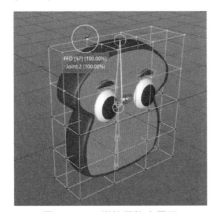

图13-54　正常的网格点显示

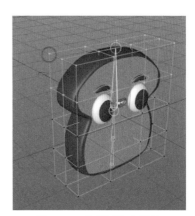

图13-55　修复网格点权重

　　现在只需要把权重笔刷对准56号点并单击鼠标，即可将该点的权重设置为Joint.2（100%）。修复完成后，该点的颜色也与周围网格点一致，如图13-55所示。

　　至此，该网格点的权重设置完成。如有其他权重问题，都可以参照上述方法进行调整。

　　Joint.1和Joint骨骼所对应的网格点控制权重如图13-56所示。

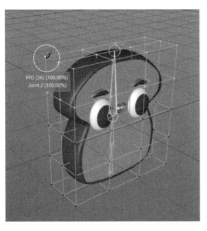

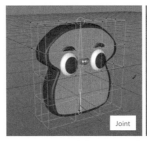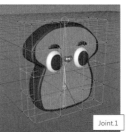

图13-56　两根骨骼的权重

13.4.3　加载控制器 1

　　虽然用骨骼控制FFD比较方便，但是骨骼

的选择和旋转操作还是不够便利，C4D还提供了更好的控制方案，那就是PSR约束。

在"物体"面板中，按住Ctrl键的同时分别单击Joint.1和Joint.2对象，将二者同时选中。执行菜单栏中的Character（角色）> Conversion（转换）> Convert to Nulls（转换为空集）命令，如图13-57所示。

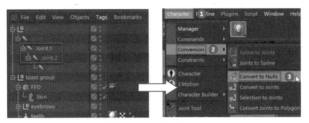

图13-57　创建集合

在Joint.1下方生成了两个集合Joint.1和Joint.2。用鼠标分别拖动两个集合到Root上方，成为与Root平行的两个节点，如图13-58所示。

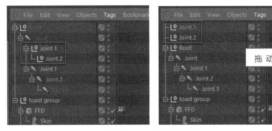

图13-58　拖动集合

对两个集合重命名，将Joint.1集合命名为wrist ctrl，将Joint.2命名为neck ctrl。名称和对应的骨骼如图13-59所示。

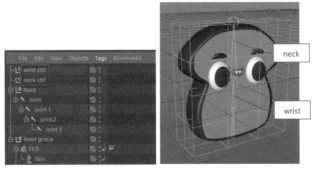

图13-59　重命名集合

按住Ctrl键，先后单击Jiont.1和wrist ctrl对象，将二者同时选中。执行菜单栏中的Character（角色）> Constraints（约束）> Add PSR Constraint（加载PSR约束）命令，如图13-60所示。

加载完成后，Joint.1右侧会出现一个PSR约束图标，如图13-61所示。

PSR是Position、Scale和Rotation三个单词的缩写。用户找到将对象的位置、比例或旋转链接到另一个或多个对象所需的所有设置，可以自由混合多个目标。换言之，所有的参数都是局部任务，完全独立于层次结构。所有的参数都可以设置动画，也可以指定目标的偏移量。

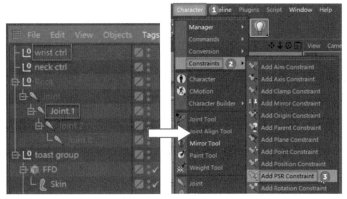

图13-60　加载PSR约束

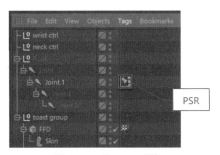

图13-61　显示PSR图标

选中wrist ctrl集合，就可以在视图中操控骨骼，再通过骨骼控制FFD产生变形效果，如图13-62所示。

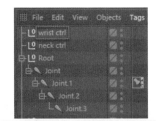

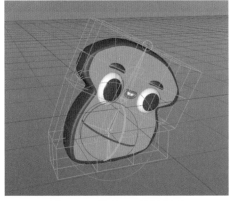

图13-62　使用PSR控制变形

13.4.4　PSR 属性设置

本小节对PSR约束做进一步设置，使其更便于识别和使用。

选中wrist ctrl集合，在Object选项卡中做如图13-63所示的设置。将原本的一个点显示为一个水平放置的圆圈。

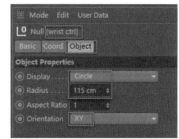

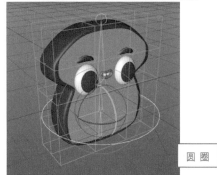

图13-63　设置PSR显示属性

另外，还可以在Basic（基本属性）选项卡中打开Use Color（启用颜色）属性，设置PSR约束的颜色。"物体"面板中的wrist ctrl

图标也将显示相同的颜色，如图13-64所示。

在视图中，圆圈的颜色也变更为设定的颜色，非常便于识别，如图13-65所示。

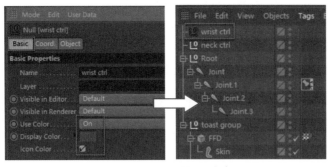
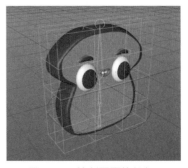

图13-64　设置PSR颜色　　　　　　　　　　　图13-65　控制圆圈的颜色

今后只需要在视图中选择红色控制器圆圈，就可以直接对模型做变形动画了，非常方便、高效。为了使视图中的显示更加简洁，还可以把FFD、骨骼和眉毛的变形修改器都关闭显示，视图中只保留面包模型和PSR控制器，显得非常简洁明了，效果如图13-66所示。

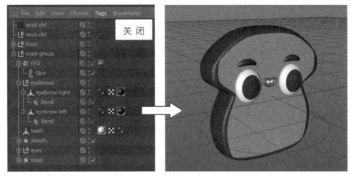

图13-66　关闭部分节点的显示

13.4.5　加载控制器2

最后，再创建一个neck ctrl集合的PSR约束。

同时选中neck ctrl集合和joint.2，执行菜单栏中的Character（角色）> Constraints（约束）> Add PSR Constraint（加载PSR约束）命令，加载PSR约束。加载完成后，在joint.2右侧出现PSR约束图标，如图13-67所示。

选中neck ctrl集合，设置其显示属性。将控制器设置为一个圆圈，如图13-68所示。

在Basic选项卡中，设置一种与wrist ctrl集合不同的颜色，如图13-69所示。

图13-67　加载2号骨骼PSR约束

图13-68　neck ctrl显示设置

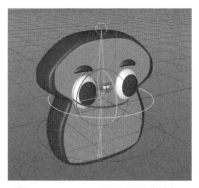

图13-68 neck ctrl显示设置（续）

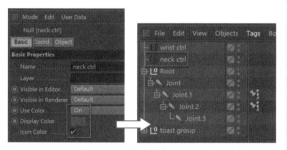

图13-69 设置控制器颜色

最终的视图显示效果如图13-70所示。

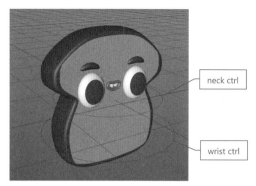

图13-70 最终的视图显示

至此，我们完成了模型的全部绑定工作。下面就可以方便地使用PSR控制器制作面包宝宝的动画了。

第四篇
粒子动画

第14章 │ 飘雪水晶球

本章讲解一款飘雪水晶球的动画创建过程。水晶球体内部有大量的白色雪花，当球体摇晃时，雪花在球体内部到处飘散，然后慢慢落下，如图14-1所示。

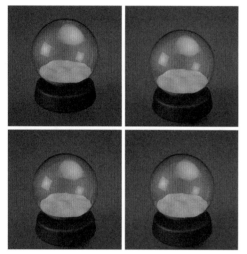

图14-1　飘雪水晶球静帧画面

本案例使用到的模块主要有多边形建模、布尔运算、刚体动力学、粒子系统等。

14.1　球体和底座的创建

本节将创建水晶球动画所需要的空心球、底座模型，使用到的建模工具有样条线和Lathe（车削）等。

14.1.1　创建空心球体

本案例中的水晶球模型是一个带有厚度的空心球体，可以采用车削样条线的方法得到。

新建C4D场景，在工具栏上点击Pen按钮并按住，在弹出的面板中，单击Arc（圆弧）按钮，如图14-2所示。

图14-2　Arc按钮

创建一个圆弧样条线，在Object选项卡中修改参数。将Start Angle（起始角度）和End Angle（结束角度）分别设置为90°和-90°，得到一个半径为100 cm的右侧半圆形弧线，如图14-3所示。

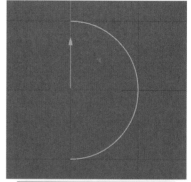

图14-3　创建半圆弧

选中上述圆弧，按Ctrl+C、Ctrl+V组合键，原地复制一个半圆弧，再将其半径修改为96 cm，形成两个同心半圆弧，如图14-4所示。

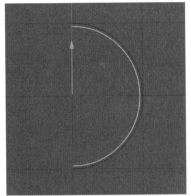

图14-4　原地复制圆弧

将两个圆弧同时选中，在视图中单击鼠标右键，在弹出的快捷菜单中选择Connect Object+Delete（合并对象并删除原物体）命令，将两个半圆弧结合为一个样条线，同时删除原有的两个半圆弧，如图14-5所示。

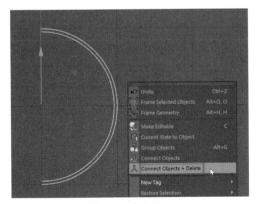

图14-5　合并圆弧

选中上述同心半圆弧，按住Alt键，在工具栏上点击Subdivision（细分）按钮并按住，在弹出的面板中，单击Lathe（车削）按钮。在"物体"面板中，Arc.2（同心圆弧）成为Lathe的子物体，如图14-6所示。

图14-6　加载车削修改器

在视图中，同心圆弧经车削生成一个壁厚为4 cm的空心球体，如图14-7所示。

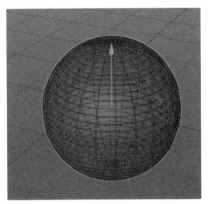

图14-7　车削形成空心球

如果车削后的模型不是球形，而是如图14-8所示的花瓶形状，说明圆弧的轴心位置有问题。

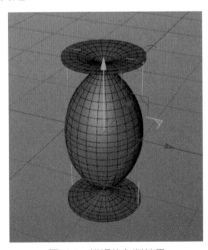

图14-8　错误的车削结果

在"物体"面板中，选中Arc.2样条线模型，在界面右下方的PSR参数栏中，将X轴向的位置设置为50 cm，即可改变轴心的位置，获得正确的结果，如图14-9所示。

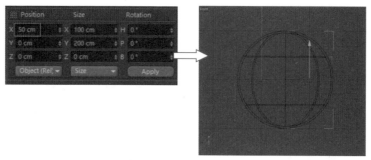

图14-9　设置X轴心位置

最后，在Lathe的Object选项卡中，将Subdivision（细分）数值设置为60，增加轴向的分段数获得一个更加光滑细腻的表面结构，如图14-10所示。

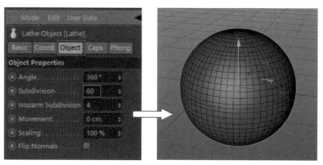

图14-10　设置轴向分段数

14.1.2　创建底座

水晶球的木质底座也是一个回转体模型，也可以使用Lathe工具生成。

单击工具栏上的Pen按钮，打开Grid Point Snap（网格点捕捉），捕捉网格点。在Front视图的空心球底部附近绘制一条折线，作为底座的轮廓曲线，如图14-11所示。

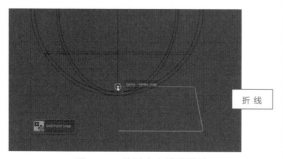

图14-11　绘制底座轮廓曲线

选中上述轮廓曲线，进入顶点模式，选中折线右侧的两个顶点（红圈位置）。在视图中单击鼠标右键，在弹出的快捷菜单中选择Chamfer（倒角）命令，如图14-12所示。

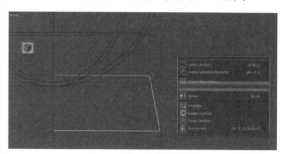

图14-12　倒角命令

把光标放在其中一个顶点上，拖动鼠标即可生成倒角。在Chamfer选项卡中，将Radius（半径）设置为8 cm，如图14-13所示。

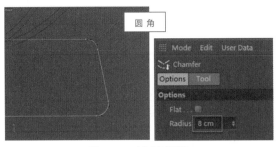

图14-13　创建倒圆角

选中上述轮廓曲线，按Alt键，加载

Lathe修改器，车削生成底座模型。在Lathe的Object选项卡中，将Subdivision设置为32，如图14-14所示。

对"物体"面板中的两个模型做重命名，分别命名为Snow Globe（雪球）和Base（底座），其对应的模型如图14-15所示。对模型做及时的命名是一种非常好的操作习惯，可以大大提高工作效率、降低出错概率。

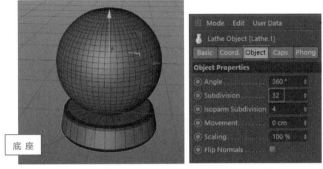

图14-14　车削形成底座模型

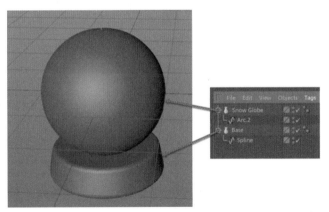

图14-15　重命名模型

14.2　雪地的创建

水晶球内部有一个雪地模型，用于承接雪片。雪地模型的底部与水晶球的内壁完全贴合，顶端为一个带有起伏的圆形面。鉴于此，首先可以把水晶球内壁所对应的球面制作出来，再创建一个立方体，采用布尔运

算创建立方体和球体之间的交集，生成雪地模型。

14.2.1　布尔运算

从图14-4可以获知，水晶球内壁的半径为96 cm，也就是说，其内部是一个半径为96 cm的球体。首先创建一个球体，半径设置

为96 cm，分段设置为48，如图14-16所示。

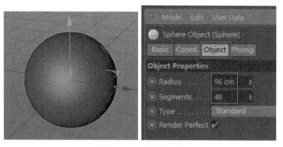

图14-16 创建球体

再创建一个立方体，将立方体沿Y轴向下移动，与上述球体相交部分的高度为50 cm，如图14-17所示。

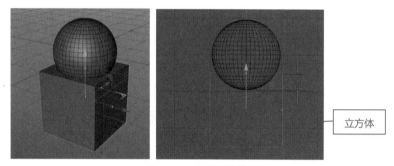

图14-17 创建立方体

在工具栏上单击Array按钮并按住，在弹出的面板中单击Boole按钮，创建一个布尔运算修改器，如图14-18所示。

图14-18 布尔运算

在"物体"面板中，将Sphere和Cube模型都放置到Boole下方，成为其子物体，且Sphere在Cube上方。在视图中，生成的默认布尔运算结果为球体下方被立方体切掉了一块，如图14-19所示。

在Object选项卡中，将Boolean Type（布尔运算类型）设置为A Intersect B（AB交集）模式。求得的二者交集为一个球冠模型，这就是我们需要的雪地模型，如图14-20所示。

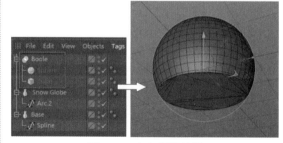

图14-19 布尔运算结果

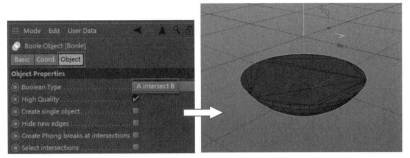

图14-20　布尔运算交集

14.2.2　端面的细分处理

目前，雪地模型上方的地面部分还是平整的，如图14-21所示。这并不符合雪地的真实情况，我们需要一种高低起伏波浪形状的地面。要形成波浪形状，首先要对端面做细分处理，只有分段数量足够多，才能产生细腻的波浪变形。

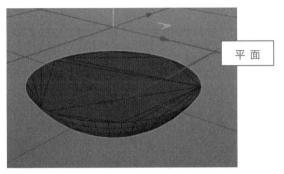

平　面

图14-21　端面为平面

目前，雪地模型的端面上几乎没有分段，因此无法形成复杂的波浪变形。

在"物体"面板中，选中Boole修改器下方的Cube模型，在Object选项卡中，将X轴和Z轴向的分段都设置为20，如图14-22所示。

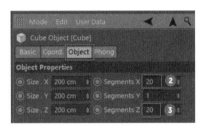

图14-22　设置立方体分段

在视图中，雪地模型的端面上出现了细密的分段，如图14-23所示。

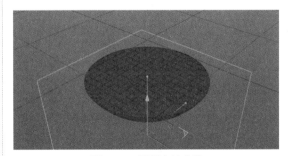

图14-23　端面上的分段

14.2.3　置换变形器

执行菜单栏中的Create（创建）>Deformer（变形器）> Displacer（置换）命令，创建一个置换变形器。在"物体"面板中，将Displacer变形器拖动到Cube下方，成为其子物体，如图14-24所示。

在Displacer变形器的Shading选项卡中，将Shader设置为Noise（噪波）。雪地模型断面上出现噪波变形，如图14-25所示。

图14-24　加载置换变形器

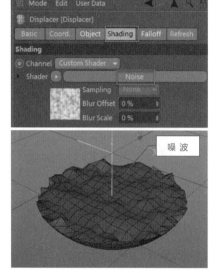

图14-25　噪波变形

现在端面上虽然出现了噪波变形，但是显得比较粗糙，我们需要一种比较缓和细腻的起伏变形。单击Shader右侧的Noise按钮，进入Shader属性面板。将Global Scale（全局比例）设置为300%，端面上的噪波和缓了很多，如图14-26所示。

另外，还可以在Displacer变形器的Object选项卡中修改Strength（强度）和Height（高度）两个参数，对噪波的形态做进一步设置，如图14-27所示。

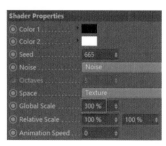

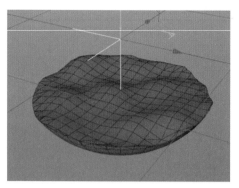

图14-26　缓和噪波

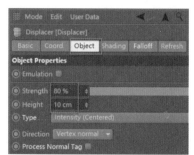

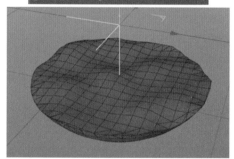

图14-27　设置噪波强度和高度

在"物体"面板中，将Boole节点命名为Ground，再把所有物体的显示都打开，水晶球的模型部分全部创建完成，如图14-28所示。

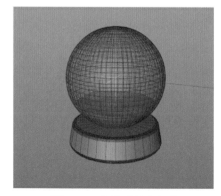

图14-28　水晶球创建完成

图14-28　水晶球创建完成（续）

14.3　雪花的创建

本节将创建雪花模型，使用到的模块是二十面体、克隆器等。

14.3.1　创建雪花模型

雪花模型采用基本模型中的二十面体替代，由于这种模型面数较少，作为雪花大量使用的时候系统资源消耗较少，有利于提高软件的运行效率。

为了便于观察，在"物体"面板中，把Snow Globe对象的显示关闭。

在工具栏上点击Cube按钮并按住，在弹出的面板中，单击Platonic（二十面体）按钮，创建一个默认尺寸的二十面体模型，如图14-29所示。

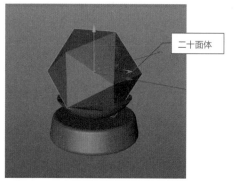

图14-29　创建二十面体

由于雪花的体积很小，因此需要缩小

二十面体的尺寸。在Platonic的Object选项卡中，将Radius（半径）设置为0.5 cm，二十面体缩小为一个小点，如图14-30所示。

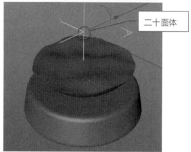

图14-30　缩小体积

在"物体"面板中，将Platonic重命名为Snow Flake（雪花）。选中雪花模型，按Alt键，执行菜单栏中的MoGraph > Cloner（克隆器）命令，雪片模型成为Cloner的子物体。在视图中，生成默认状态的三个纵向排列的雪花模型，如图14-31中红色圆圈所示。

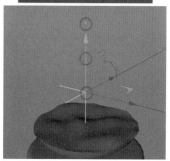

图14-31　克隆雪花

14.3.2　创建雪花附着物

目前，创建的雪花模型还飘在空中，我们希望雪花的初始状态是落在雪地上，因此需要从雪地模型上提取地面部分的模型作为雪花的附着物体。

在"物体"面板中，选中Ground模型，单击鼠标右键，在弹出的快捷菜单中选择Current State to Object（对象的当前状态）命令，生成一个Ground集合副本，如图14-32所示。

Current State to Object命令用于创建选定对象的多边形副本，如果原始对象是参数化的，该命令将创建多边形副本。

为了便于观察，我们将Ground模型的显示暂时关闭。在Ground集合中，把Sphere模型删除，只保留Cube模型。在视图中，只留下了地面模型，如图14-33所示。

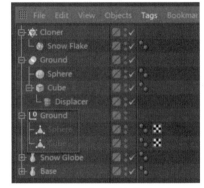

图14-32　生成雪地模型副本

图14-33　保留地面模型

现在我们已经获取到了地面模型，因此Ground集合已经没有存在的必要了。将该集合中的Cube模型拖动到集合之外，再将Ground集合删除，如图14-34所示。

图14-34　拖动Cube模型

最后，把Cube模型更名为Snow Surface，

完成雪花附着物的创建，如图14-35所示。

图14-35　重命名模型

14.3.3　雪花的动力学设置

指定附着对象。选中Cloner对象，在Object选项卡中，将Mode设置为Object，再将Snow Surface拖动到Object右侧的对象槽中，

如图14-36所示。

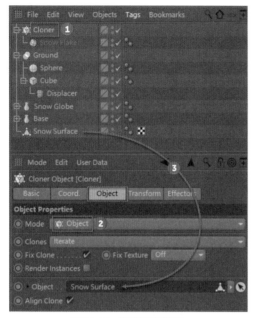

图14-36　指定附着物体

Snow Surface模型上生成雪花颗粒，默认
分布状况如图14-37所示。

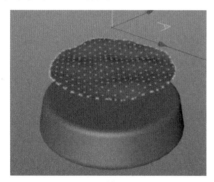

图14-37　附着物上的雪花

默认情况下，雪花颗粒分布在Snow
Surface的每一个顶点（Vertex）上，这种分布
方式显得太过整齐，不符合本案例的要求。
在Object选项卡中，将Distribution（分布）设
置为Surface（表面），再把Count（数量）设
置为100，如图14-38所示。

在视图中，100个雪花颗粒在Snow
Surface表面随机分布，符合本案例的要求，
如图14-39所示。

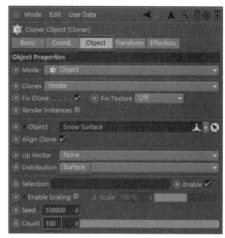

图14-38　设置分布属性

图14-39　雪花随机分布

在"物体"面板中，打开Ground模型的
显示，关闭Snow Surface的显示。这样看上去
雪片是落在地面上的，如图14-40所示。

图14-40　模型显示设置

14.4 动画设置

本节将创建水晶球的动画，使用到的工具有动画设置、摇晃标签等。

14.4.1 创建集合

做动画之前，需要再次整理场景中的模型。

执行菜单栏中的Create（创建）> Object（对象）> Null（空集）命令，在"物体"面板中创建一个空集合，将该集合命名为Snow Globe All，如图14-41所示。

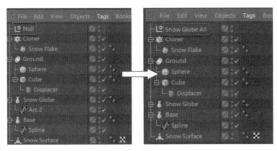

图14-41　创建新集合

然后，把除了Cloner之外的所有模型都放到Snow Globe All集合里面，如图14-42所示。经上述操作，后面只需对Snow Globe All集合做动画，就可以形成水晶球整体的动画。

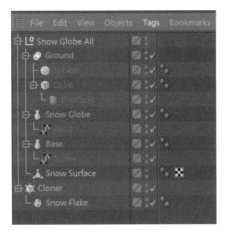

图14-42　移动模型

14.4.2 创建位移动画

本小节将创建水晶球在Y轴向上的位移动画。首先确认动画时间线上的关键帧处于第0帧位置处。在"物体"面板中选中Snow Globe All集合，在Coord选项卡中，将P.Y（Y轴位置）设置为0 cm，单击左侧的动画记录按钮，使其变为红色。在第0帧处记录第一个关键帧，如图14-43所示。

图14-43　记录第1个关键帧

将时间滑块拖动到第10帧，将P.Y设置为80 cm，然后单击左侧动画记录按钮。在第10帧处记录第二个关键帧，如图14-44所示。

图14-44　记录第2个关键帧

将时间滑块拖动到第30帧，将P.Y设置为0 cm，然后单击左侧动画记录按钮。在第30帧处记录第三个关键帧，如图14-45所示。

目前的动画是第0～10帧，水晶球从0位置向上（Y轴方向）移动80 cm并停止。从第11帧开始下落，到第30帧回到0位，如图14-46所示。

图14-45　记录第3个关键帧

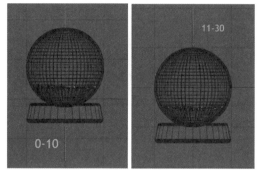

图14-46　水晶球动画

14.4.3　创建摇晃动画

水晶球仅有位移动画显得比较单调，本小节再加上一个摇晃的动画，让动画效果更生动。

在Snow Globe All集合上单击鼠标右键，在弹出的快捷菜单中选择CINEMA 4D Tags > Vibrate（振动）命令。Snow Globe All集合右侧出现一个振动图标，如图14-47所示。

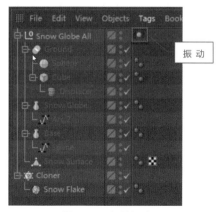

图14-47　加载振动

单击选中Vibrate图标，在Tag选项卡中，选中Enable Rotation（启用旋转）右侧的复选框，激活旋转参数。将动画滑块移动到第0帧处，把三个轴的旋转都设置为0°，单击动画记录按钮，记录一个振动关键帧，如图14-48所示。

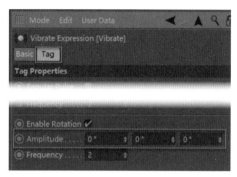

图14-48　记录第1个振动关键帧

将时间滑块移动到第10帧处，把Vibrate的三个轴向的旋转角度都设置为30°。单击动画记录按钮，记录第二个关键帧，如图14-49所示。

图14-49　记录第2个关键帧

将时间滑块移动到第30帧处，把Vibrate的三个轴向的旋转角度都设置为0°。单击动画记录按钮，记录第三个关键帧，如图14-50所示。

图14-50　记录第3个关键帧

播放动画时，水晶球在上下移动的同时还加上了摇摆动作，效果很不错，如图14-51所示。

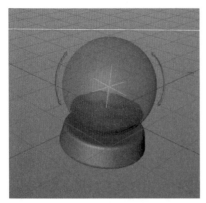

图14-51 水晶球摇摆

14.5 动力学设置

本节将设置雪片的动力学动画，使用到的模块有刚体动力学、碰撞模拟等。

14.5.1 创建碰撞容器

在14.4节制作了水晶球的动画，现在播放动画，雪片始终停留在雪地表面上，没有任何动力学效果。

首先在"物体"面板中，将Cloner对象更名为Snow。在该对象上单击鼠标右键，在弹出的快捷菜单中选择Simulation Tags > Rigid Body（刚体）命令，给该对象加载刚体模拟。Snow右侧出现刚体图标，如图14-52所示。

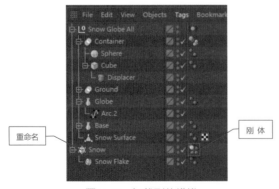

重命名　　　　　　　　　　刚 体

图14-52 加载刚体模拟

现在播放动画，雪片都向下坠落，如图14-53所示。这个结果显然不符合我们的要求。

图14-53 雪片向下坠落

要想使雪片在水晶球内部运动，必须给雪片加载一个碰撞模拟容器，这个容器的形状应该是水晶球内壁减去雪地模型之后剩下的空间。其创建方法和雪片附着物模型类似，通过切换不同类型的布尔运算模式获取。

在"物体"面板中，选中Ground（雪地）模型，按Ctrl键拖动，复制出一个副本，副本自动命名为Ground.1，如图14-54所示。

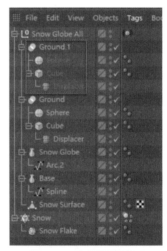

图14-54 复制雪地模型

为了便于观察，将Ground和Snow Globe都关闭显示。在视图中，只保留Ground.1和底座模型，如图14-55所示。

图14-55　显示Ground.1模型

选中Ground.1，在Object选项卡中，将Boolean Type设置成A subtract B（A减B）模式，得到内部球体减去雪地模型剩下的部分，雪片应该在这个空间中运动，如图14-56所示。

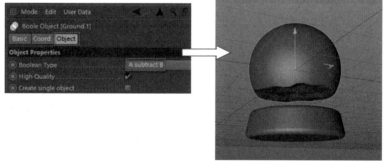

图14-56　布尔运算结果

14.5.2　雪片碰撞模拟

在14.5.1节我们创建了雪花的碰撞容器，本小节将设置其碰撞动力学模拟。

在"物体"面板中，将Ground.1重命名为Container。在其上单击鼠标右键，在弹出的快捷菜单中选择Simulation Tags > Collider Body（碰撞体）命令。在Container右侧加载一个碰撞体图标，在碰撞体的Collision选项卡设置相关参数和属性，如图14-57所示。

碰撞体模型和动力学属性设置完成，可以暂时将其显示关闭，这并不影响其动力学属性。播放动画时，雪片有飞离地面的动画，但是没用随机飞散的效果，而是始终保持原状，如图14-58所示。这说明雪片的动力学属性不符合要求，需要进一步设置。

单击Snow节点右侧的刚体模拟按钮，在其Collision选项卡中设置相关参数和属性，具体设置如图14-59所示。

Inherit Tag（继承标签）和Individual Elements（独立元素）是关键设置。

Apply Tag to Children（应用标签到子对象），此标签被指定给所有的子对象。然后它们都会独立行事，好像它们不是等级层次体系的一部分。

图14-57　加载碰撞模拟

图14-58 雪片动画存在问题

图14-59 设置碰撞属性

Individual Elements用于设置物体是独立碰撞还是整体碰撞。设置为All模式，每个粒子都是一个单独的碰撞对象。

再次播放动画，雪片随机飞散的动力学特效基本正确了，但是还有相当数量的雪片没有向上飞，而是穿过了碰撞体向下坠落，如图14-60所示。

图14-60 部分雪片穿过碰撞体

14.5.3 动力学的优化

目前，雪片动力学动画已经初步形成，但是还有一些问题。本小节就来优化这些问题，使动力学效果更加完美。图14-60出现了雪片逃逸的问题，可以从两个方面进行优化。

按Ctrl+D组合键，打开Project（项目）设置。在Dynamics选项卡下的Expert面板中，将Steps per Frame（每帧步幅值）和Maximum Solver Iterations per Step（每个步骤的最大解算器迭代次数）都设置为20，如图14-61所示。

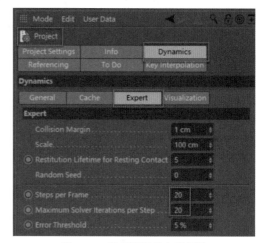

图14-61 设置项目动力学属性

Steps per Frame用于设定时间区域中细分每个动画帧，并计算每个帧的动力学。该参数对动力学模拟的精度至关重要。数值越高，计算越精确。当克隆对象以高速移动时，该数值应增加。

Maximum Solver Iterations per Step用于质量差异较大的对象发生碰撞（一个重，一个轻），加大这些参数的默认值，可以防止出现对象相互穿透等不精确的结果。

再次播放动画，逃逸的雪片明显减少了一些，但是还没有完全杜绝，如图14-62所示。

图14-62　仍然有逃逸的雪片

将动画倒回第0帧处，如果近距离放大观察雪片模型，会发现它们都是紧贴在地面上的，有的甚至与地面是互相穿插的。这样会导致播放动画的时候，地面托不住雪片，造成部分雪片下坠，如图14-63所示。

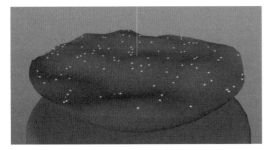

图14-63　雪片紧贴地面

现在只需要稍稍地把雪片位置抬高，避免和地面紧密接触，即可防止雪片逸出。

在"物体"面板中，选中Snow（克隆器）模型，在Transform（变换）选项卡中，将P.Z（Z轴向位置）的参数从0 cm修改为1 cm，如图14-64所示。

上述设置把雪片模型向上抬高了1 cm，由于雪片的直径为0.5 cm，这样所有的雪片模型都完全脱离了地面模型。图14-65所示为抬高雪片模型的前后对比。

图14-64　设置变换参数

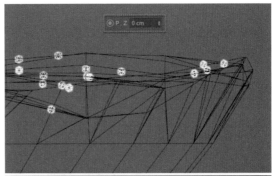

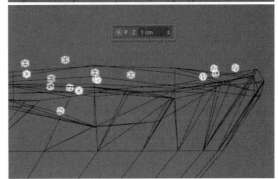

图14-65　雪片高度对比

再次播放动画，所有的雪片模型都在容器中运动，无逸出现象，如图14-66所示。

图14-66　雪片无逸出

现在雪片虽然已经完全在容器内运动了，但是雪片的下落速度仍显得太快。真实水晶球内部是充满液体的，液体的浮力会大幅地减慢雪片的下落速度。

再次按Ctrl+D组合键，打开Project设置。在Dynamics选项卡的General面板中，把Gravity（重力）设置为0 cm，如图14-67所示。

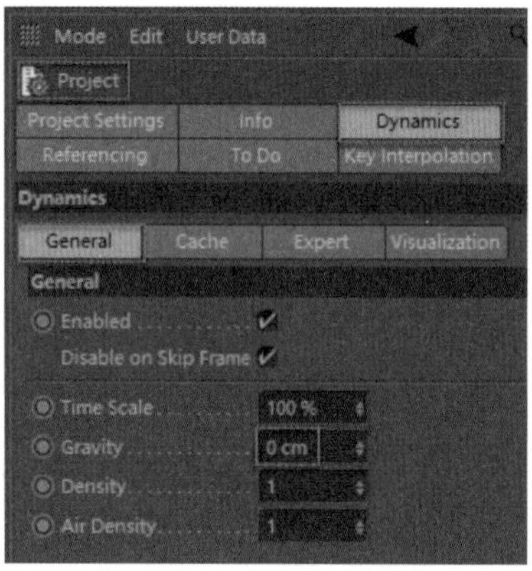

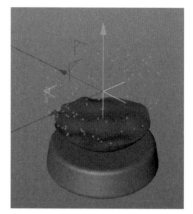

图14-68　雪片飞散效果

最后，打开Snow Globe水晶球模型的显示，如图14-69所示。

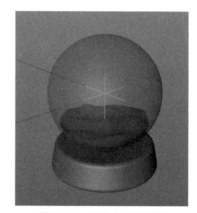

图14-69　显示水晶球模型

图14-67　设置重力参数

再次播放动画，雪片在容器内轻盈地飞散、碰撞，始终不会落回地面，效果相当理想，如图14-68所示。

如果希望雪片最终还能落到地面上，可以把Gravity（重力）设置为一个恰当的数值。这样经过一段时间的飞行，雪片还会落到地面上。该数值越大，落地速度越快。读者可以自行操作。

至此，水晶球建模、动画和动力学特效动画全部完成。

第**15**章 | 飞散的头骨

本章讲解一个模拟粒子飞散特效的创建过程 —— 一个金色的头骨如同沙子一般被风逐渐吹散，直至完全消失。这个特效看似是粒子动画，实质上是多个效果器综合作用产生的结果。飞散特效动画静帧画面如图15-1所示。

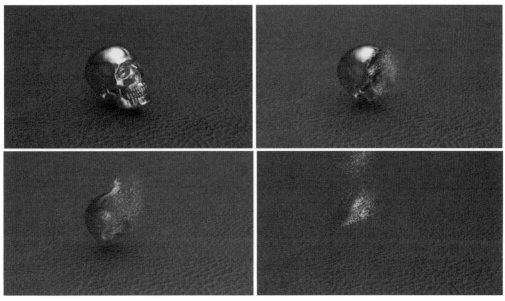

图15-1 头骨飞散动画静帧画面

本案例使用到的模块主要有骨骼、绑定、权重设置、角色动画等。

15.1 模型的导入

本节将设定场景和项目的帧速率，并导入骨骼模型。

15.1.1 场景设定

单击工具栏上的"渲染设定"按钮，打开Render Setting对话框，将输出的尺寸设置为Width=1920，Height=1080，也就是标准的2K分辨率。将Frame Rate（帧速率）设置为24（帧/秒），如图15-2所示。

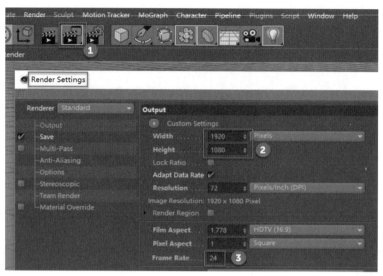

图15-2　设置分辨率和帧速率

按Ctrl+D组合键，打开项目面板，在Project Settings（项目设定）面板中将FPS（帧速率）设置为24，如图15-3所示。

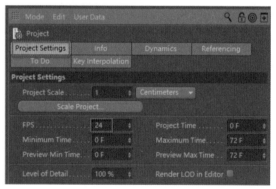

图15-3　设置项目帧速率

15.1.2　导入模型

执行菜单栏中的File（文件）> Open（打开）命令，打开资源包"第15章 飞散的头骨"文件夹中的skull.c4d模型文件。这是一个头骨的三维模型，"物体"面板的名称是Skull，如图15-4所示。

在透视图窗口，执行菜单栏中的Display（显示）> Gouraud Shading(Lines)（光影着

色+线条）命令，显示头骨模型的网格面，如图15-5所示。

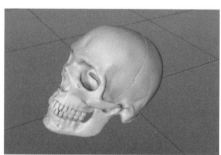

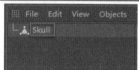

图15-4　头骨模型和名称

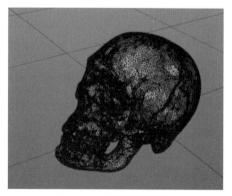

图15-5　头骨的网格面显示

要想制作这种粒子飞散的特效动画，基础模型的选择和处理非常重要。在做特效之前，务必把模型处理成均匀、细密的网格面。不然，粒子的体积会太大或不均匀，效果就会大打折扣。

如果导入或创建的模型是类似图15-6所示的低细节模型，这时需要使用细分曲面之类的工具，对模型做细分处理，大幅度增加模型的多边形数量。设置合适的参数，使模型表面的结构线细密均匀，如图15-7所示。这样的模型才适合做粒子飞散特效。

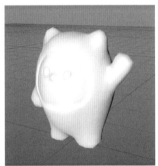

图15-6　低细节模型

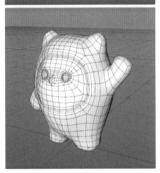

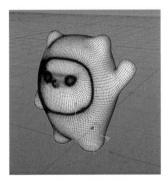

图15-7　细分曲面

15.2　加载效果器 1

本节将给头骨模型加载各种效果器，模拟产生逼真的粒子飞散特效，使用到的建模工具有Plain效果器和Pandom效果器。

15.2.1　Plain 效果器

在"物体"面板中，选中头骨模型Skull，按Shift键，执行菜单栏中的MoGraph > PolyFX命令。在Skull模型下方，加载一个PolyFX，如图15-8所示。

图15-8　加载PolyFX

加载了PolyFX后，用户可以单独操控模型上的所有多边形，还允许使用各种效果器来控制位置、缩放和旋转这些多边形。

选中PolyFX对象，执行菜单栏中的MoGraph > Effctor > Plain命令，在Skull模型上方加载一个Plain效果器。头骨模型立即呈现一种粉碎状态，如图15-9所示。

图15-9　加载Plain效果器

上述的粉碎状态是模拟粒子外观，并非真正的粒子动画，但是结果也非常理想。可以看到粉碎的多边形已经被推高了位置，这是因为在Plain的Parameter选项卡中，有一个

P.Y的默认值是100 cm，如图15-10所示。

图15-10　默认参数

取消选中Position右侧的复选框，再选中Scale和Uniform Scale（均匀缩放）右侧的复选框，如图15-11所示。

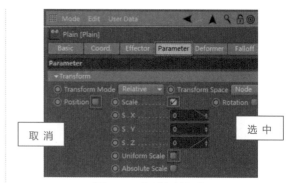

图15-11　复选框的操作

随即将Scale（缩放）的参数设置为-1。此时，视图中的头骨模型将收缩为一个点，如图15-12所示。

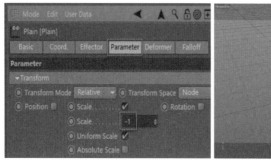

图15-12　设置缩放比例

15.2.2　Plain 的衰减设置

在Plain的Falloff（衰减）选项卡中，将Shape（形状）设置为Linear（线性）形式，Orientation（方向）设置为+Z，如图15-13所示。

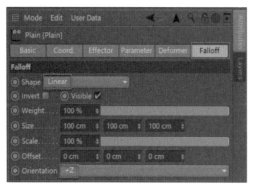

图15-13　衰减参数设置

在视图中，生成影响场图标，红色虚拟平面所触碰到的模型呈现擦除特效，如图15-14所示。

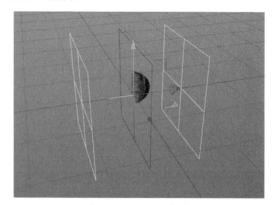

图15-14　Linear衰减

衰减属性中的Shape（形状）定义了影响场将具有的形状。Linear（线性）衰减将沿影响场的Z长度发生。它适用以下情况：负Z方向的全强度，正Z方向的无强度。

目前，由于头骨的尺寸关系，两个黄色虚拟平面的默认相对位置太远，产生的衰减成效不够强烈、清晰。在Falloff选项卡中，将Z轴向的Size数值设置为28 cm，效果如图15-15所示。

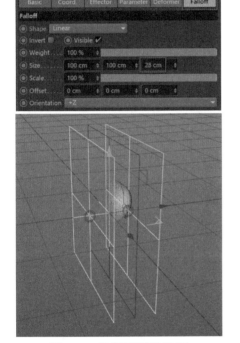

图15-15　设置平面相对位置

上述方法是参数设置操作。另外，也可以用鼠标单击虚拟平面中间的橘色手柄（图15-15中红圈位置），以拖动的方式手动操作。

经上述设置，创建了一个效果器，可以对模型形成分解。当效果器在模型左侧时，模型是完好的；当效果器与模型触碰时，模型被分解；当效果器移动到模型右侧时，模型被完全分解而消失不见，如图15-16所示。后面只需要对影响场做动画，即可形成模型分解特效。

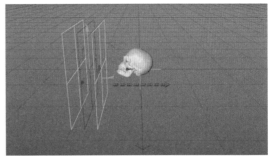
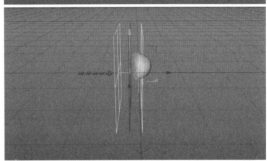
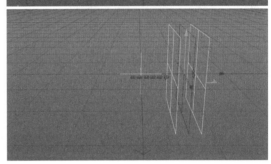

图15-16　模型分解过程

最后，把影响场移动到模型左侧，头骨处于完整状态，完成这个步骤的操作，效果如图15-17所示。

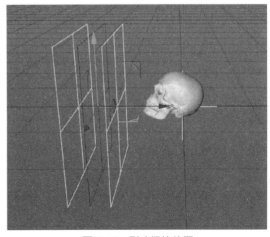

图15-17　影响场的位置

15.2.3 添加随机效果器

在15.2.2节我们完成了模型的基本分解特效的设置。这个特效是整个特效的基础，后面我们将添加更多的效果器，使这个特效更加有趣。首先添加一个随机效果器，让分解过程更随机一些，看上去更真实。

在"物体"面板中，选中PolyFX节点，执行菜单栏中的MoGraph > Effctor > Random（随机）命令。在"物体"面板的顶部加载一个Random效果器，如图15-18所示。

图15-18　加载随机效果器

随机化的默认结果如图15-19所示。头骨模型完全分解成颗粒，效果非常夸张。

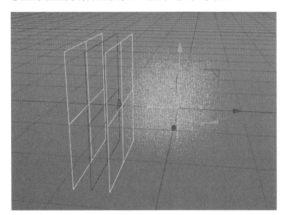

图15-19　随机的默认结果

在Random的Parameter选项卡中，将X、Y、Z三个轴向的位置参数都设置为10 cm，如图15-20所示。

模型分解的范围变小了很多，如图15-21所示。

在随机效果器的Falloff（衰减）选项卡中，将Shape（形状）设置为Linear（线性）形式，将Size的Z轴向值设置为15 cm，将Orientation（方向）设置为+Z，如图15-22所示。

图15-20　设置随机效果器参数

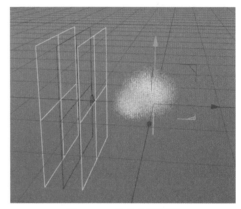

图15-21　缩小分解范围

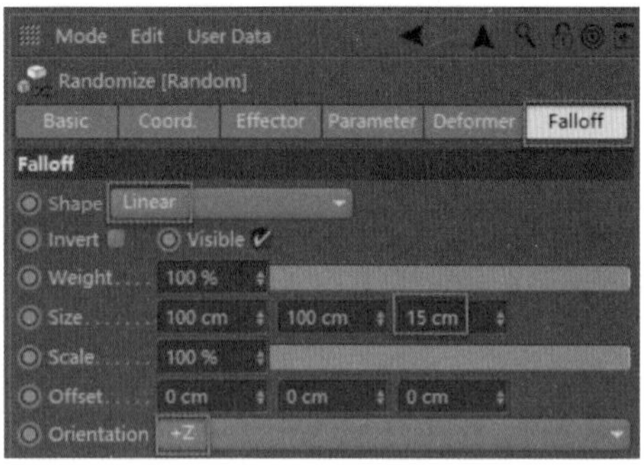

图15-22　设置衰减参数

在视图中，随机效果器的图标和效果如图15-23所示。

将随机效果器图标移动到头骨左侧，与Plain效果器基本重合，如图15-24所示。后面可以同时选中两个效果器一起移动，以获得更好的模拟粒子飞散特效。

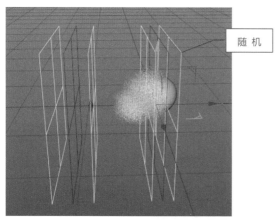

图15-23 随机效果器图标

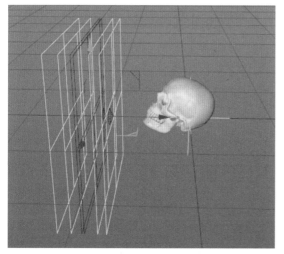

图15-24 移动随机效果器

15.3 加载效果器 2

本节将给头骨模型继续加载效果器，模拟产生逼真的粒子飞散效果，使用到的效果器有着色。

15.3.1 加载着色效果器

在"物体"面板中，选中PolyFX对象，执行菜单栏中的MoGraph > Effector（效果器）> Shader（着色）命令。在"物体"面板的顶部加载一个着色效果器，如图15-25所示。

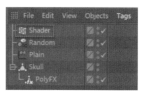

图15-25 加载着色效果器

着色效果器主要使用纹理的灰度值来变换克隆。因此，需要用某种方式将纹理投影到克隆上。UV映射用于代替纹理标记。

目前，在视图中还看不到任何效果器的作用，需要进一步设置参数。在Shader的Parameter选项卡中，取消选中Scale右侧的复选框，选中Position（位置）右侧的复选框，如图15-26所示。

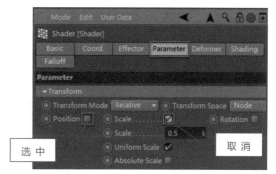

图15-26 选项的选择

打开Position参数，设置三个轴向的位置，如图15-27所示。

图15-27 设置位置参数

在视图中，Shader效果器产生作用，头骨模型呈现粉碎状态，如图15-28所示。

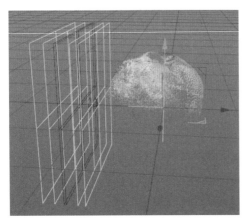

图15-28　Shader的效果

在随机效果器的Falloff（衰减）选项卡中，将Shape（形状）设置为Linear（线性）形式，将Size的Z轴向值设置为20 cm，将Orientation（方向）设置为+Z，如图15-29所示。

图15-29　设置衰减参数

在视图中，生成着色效果器图标和粉碎范围，如图15-30所示。

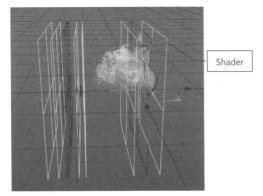

图15-30　着色效果器图标

15.3.2　着色效果器的着色设定

在Shading选项卡中，将Shader模式设置为Noise，单击噪波缩略图做进一步设置，如图15-31所示。

图15-31　设置着色类型

在Noise选项卡中，把噪波类型设置为Turbulence（湍流），将Global Scale（全局比例）设置为400%，如图15-32所示。

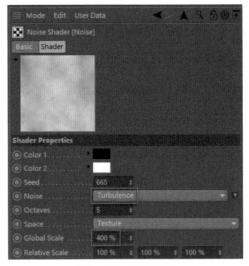

图15-32　噪波设置

全局比例，该参数能够在所有可能的方向上均匀缩放噪波。提高到400%是为了增加变化程度，让结果看起来更像真正的粒子。

最后，把着色效果器的图标也移动到模型左侧，与前面两个效果器图标叠加在一起，如图15-33所示。

在"物体"面板中，如果将Shader、

Random和Plain三个效果器同时选中，在视图中从左向右拖动，会看到三个效果器同时作用在头骨模型上的结果，如图15-34所示。

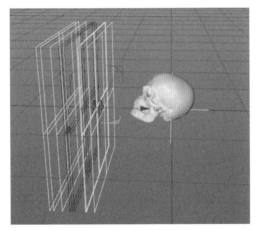

图15-33　移动着色效果器

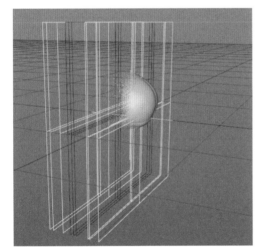

图15-34　三个效果器同时起作用

15.3.3　时间效果器

在"物体"面板中，选中PolyFX节点，执行菜单栏中的MoGraph > Effector（效果器）> Time（时间）命令。在"物体"面板的顶部加载一个Time效果器，如图15-35所示。

"时间"效果器根据动画的长度建立其变换值。因此，该效果器非常适合基于动画长度创建特效，而无须设置关键帧。

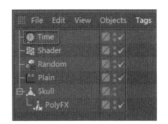

图15-35　加载时间效果器

播放动画时，随着时间的推移，默认情况下，头骨上的每一个多边形面都在作原地旋转，如图5-36所示。

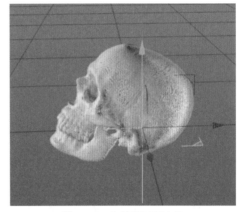

图15-36　头骨随时间变化

打开Time效果器的Parameter选项卡，默认情况下激活的是Rotation（旋转）参数，这个设置不符合我们的需要，如图15-37所示。

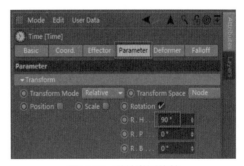

图15-37　默认激活旋转

取消选中Rotation复选框，选中激活Position（位置）复选框，将P.Y设置为20 cm，如图15-38所示。

播放动画，随着时间的推移，头骨会逐渐粉碎，如图15-39所示。

图15-38　设置Position参数

图15-39　头骨随时间粉碎

在Time效果器的Falloff（衰减）选项卡中，将Shape（形状）设置为Linear（线性）形式，将Size的Z轴向值设置为45 cm，将Orientation（方向）设置为+Z，如图15-40所示。

图15-40　Time的衰减设置

在视图中，Time效果器的作用如图15-41所示。

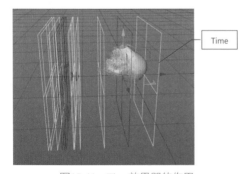

图15-41　Time效果器的作用

最后，把效果器图标移动到头骨左侧，与前几个效果器叠加在一起。

15.4　动画设置

本节将给头骨模型继续加载效果器，并设置效果器移动的动画。

15.4.1　加载 Step 效果器

在"物体"面板中，选中PolyFX对象，执行菜单栏中的MoGraph > Effector（效果器）> Step（步进）命令。在"物体"面板的顶部加载一个Step效果器，如图15-42所示。

图15-42　加载Step效果器

在Step效果器的Parameter选项卡中，取消选中Scale右侧的复选框，选中Position（位置）右侧的复选框，将P.Y设置为20 cm，如图15-43所示。

图15-43　设置Position参数

在视图中，头骨的粉碎效果如图15-44所示。

步进效果器的工作原理如下：将每个定义的变换应用于最后一个克隆，并对中间克隆（即复制0到最后一个复制）的变换进行插值。

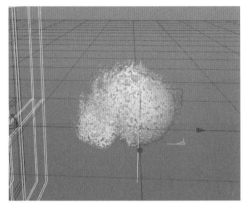

图15-44　头骨的粉碎效果

在Step效果器的Falloff（衰减）选项卡中，将Shape（形状）设置为Linear（线性）形式，将Size的Z轴向值设置为18 cm，将Orientation（方向）设置为+Z，如图15-45所示。

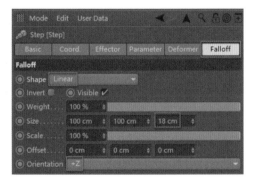

图15-45　衰减设置

在视图中，Step效果器的作用效果如图15-46所示。

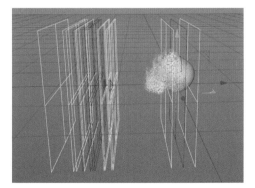

图15-46　Step效果器的作用效果

最后，把Step效果器移动到头骨左侧，与其他效果器叠加在一起。

15.4.2 整理效果器

到目前为止，我们已经为头骨加载了五个效果器。在"物体"面板中，选中PolyFX对象，切换到Effectors（效果器）选项卡，可以看到Effectors右侧的效果器列表，如图15-47所示。

图15-47　效果器列表

Effectors列表中的效果器是按照从上到下的顺序进行解算的。在这个列表中，可以通过拖动鼠标，任意改变列表的顺序，不同的顺序造成的结果也是不同的。经过测试，这里的顺序如果完全颠倒过来，效果更好，如图15-48所示。

图15-48　修改效果器列表

为了便于后面的动画操作，应该把几个效果器组成一个集合。按住Ctrl键逐一单击五个效果器，将它们全部选中。按Alt+G组合键，创建一个Null集合，再将该集合重命名为Effectors，如图15-49所示。

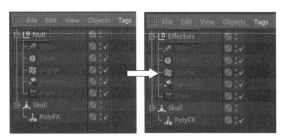

图15-49　创建效果器集合

15.4.3　动画设置

本小节为效果器集合创建动画特效，即可生成头骨飞散的特效动画。

首先，将动画滑块拖动到时间线第0帧处。在"物体"面板中，选中Effectors集合，切换到Coord.（坐标）选项卡，我们将在这个面板中制作动画，如图15-50所示。

图15-50　打开坐标面板

在视图中，确认Effectors集合的初始位置在头骨左侧，如图15-51所示。

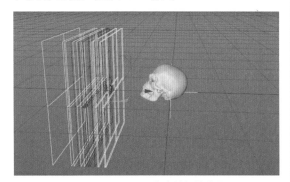

图15-51　Effectors集合的初始位置

单击P.Z左侧的动画记录按钮，在第0帧处记录一个关键帧，如图15-52所示。

将动画滑块移到第120帧处。将Effectors集合沿Z轴拖动到头骨右侧，如图15-53所示。

图15-52　记录第一个关键帧

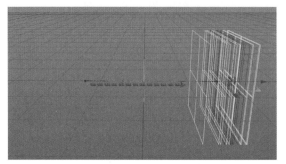

图15-53　拖动Effectors集合到右侧

在Coord面板中，单击P.Z左侧的动画记录按钮，在第120帧处记录一个关键帧，如图15-54所示。

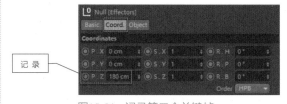

图15-54　记录第二个关键帧

播放动画时，视图中会有一个Effectors集合从左向右移动的动画，触碰到头骨的时候，头骨产生粒子飞散的特效。

15.4.4　动画的优化设置

在15.4.3节创建了Effectors集合的动画，现在这个动画的运算速率还是默认的匀加速—匀速—匀减速模式。这个默认的模式并不符合本案例的要求。

在Effectors集合Coord.选项卡的P. Z名称上单击鼠标右键，在弹出的快捷菜单中选择Animation（动画）> Show F-Curve（显示动画曲线）命令，如图15-55所示。

图15-55　显示动画曲线命令

打开Timeline（时间线）对话框。现在的动画曲线是典型的变速曲线，如图15-56所示。

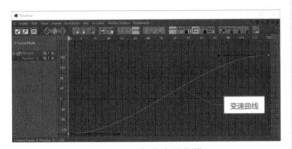

图15-56　变速动画曲线

选中第0帧和第120帧处的两个关键帧，单击工具栏上的Linear按钮，将曲线切换成直线，形成一种匀速曲线，如图15-57所示。

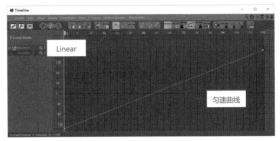

图15-57　匀速曲线

在"物体"面板中，将Effectors集合的显示暂时关闭。播放动画时，就可以在视图中看到精美的粒子飞散特效了，如图15-58所示。

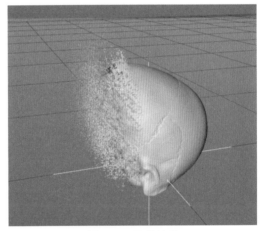

图15-58　飞散特效

至此，头骨模拟粒子飞散特效制作完成。

第16章 真实爆炸

本章讲解一个粒子爆炸特效的创建过程。平坦的地面下方发生了爆炸，地面被炸裂，碎片横飞，同时带有大量烟雾和灰尘，效果非常逼真。真实爆炸的动画静帧画面如图16-1所示。

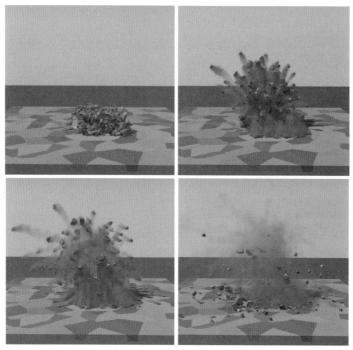

图16-1　地面爆炸静帧画面

本案例使用到的模块主要有粒子、刚体、碰撞体、TurbulenceFD插件等。

16.1　地面模型的创建

本节将创建地面模型，使用到的建模工具有平面、泰森多边形、圆管和球体等。

16.1.1　创建地面模型

新建C4D场景，在工具栏上单击Cube按钮，在弹出的面板中，单击Plane（平面）按钮，如图16-2所示。

图16-2　创建平面模型

生成一个正方形平面模型，在Object选项卡中，将Width和Height都设置为4000 cm，如图16-3所示。

图16-3　设置平面模型参数

视图中的平面模型如图16-4所示。

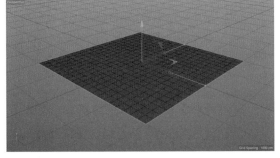

图16-4　平面模型

单击工具栏上的Cube按钮，创建一个立方体模型。在Object选项卡中，将Size X / Y / Z分别设置为1000 cm、20 cm和1000 cm。经上述设置，视图中立方体模型的上端面高出平面10 cm，如图16-5所示。

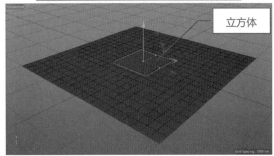

图16-5　立方体和平面

16.1.2　创建泰森多边形

执行菜单栏中的MoGraph > Voronoi Fracture（泰森多边形破碎）命令，创建一个Voronoi Fracture对象。在"物体"面板中，将Cube模型拖动到Voronoi Fracture下方，成为其子物体。在视图中，立方体模型被分解成无序的碎片，如图16-6所示。

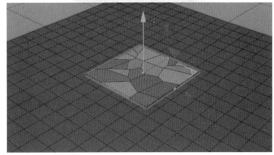

图16-6　创建泰森多边形

在"物体"面板中，选中Voronoi

Fracture对象，切换到Sources选项卡，单击Sources右侧列表中的Point Generator-Distribution，在下方弹出的参数栏中，将Point Amount设置为200，如图16-7所示。

图16-7　设置泰森多边形数量

泰森多边形的碎片数量增加到200个，如图16-8所示。

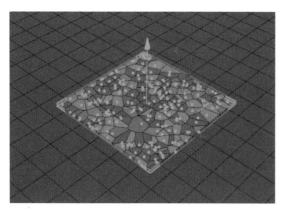

图16-8　设置碎片数量后的效果

16.1.3　创建圆管模型

在工具栏上单击Cube按钮，在弹出的面板中，单击Tube（圆管）按钮，创建一个圆管模型。在Object选项卡中，将Inner Radius（内部半径）和Outer Radius（外部半径）

分别设置为125 cm和150 cm，结果如图16-9所示。

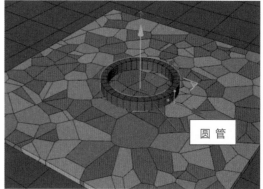

图16-9　创建圆管模型

选中Voronoi Fracture，切换到Sources（来源）选项卡，将Tube拖动到Sources右侧的来源列表中，如图16-10所示。

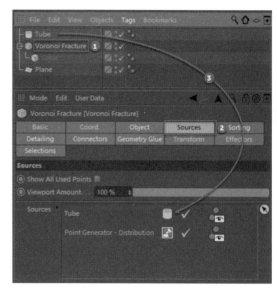

图16-10　设置来源列表

在Sources右侧的列表中单击Tube对象，然后在下方弹出的参数面板中，把Creation Method（创建模式）设置为Volume（体积），把Point Amount（点数量）设置为100，如图16-11所示。

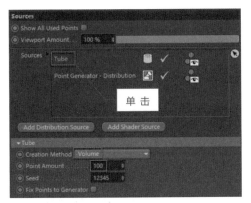

图16-11 设置Tube参数

16.1.4 创建球体模型

在工具栏上点击Cube按钮并按住，在弹出的面板中，单击Sphere（球体）按钮，创建一个球体模型。在Object选项卡中，将Type（类型）设置为Icosahedron（二十面体），如图16-12所示。

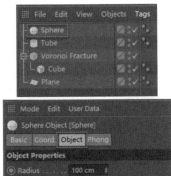

图16-12 创建球体

将球体模型拖动到Voronoi Fracture的Sources右侧的来源列表中，如图16-13所示。

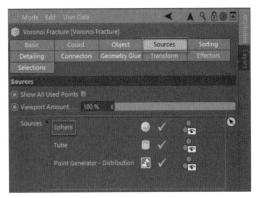

图16-13 添加球体到列表

在Sources右侧的列表中单击Sphere，然后在下方弹出的参数面板中把Creation Method（创建模式）设置为Volume（体积），把Point Amount（点数量）设置为500，如图16-14所示。

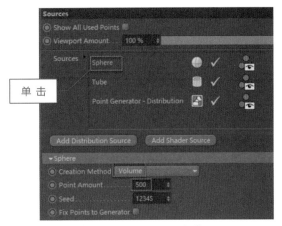

图16-14 设置Sphere参数

到目前为止，圆环和球体模型已经完成设置，后面不需要再显示和渲染这两个模型了。因此，可以在"物体"面板中将两个模型的显示和渲染都关闭，如图16-15所示。

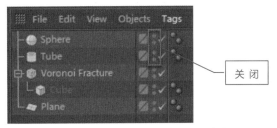

图16-15 关闭两个模型的显示和渲染

16.2　爆炸特效的创建

本节将创建地面爆炸特效，使用到的模块有引力和关键帧设置等。

16.2.1　创建引力

执行菜单栏中的Simulate（模拟）> Particles（粒子）> Attractor（引力）命令，创建一个引力对象。在Object选项卡中，将Strength（强度）设置为-15000，Speed Limit（速度极限）设置为2000 cm，如图16-16所示。

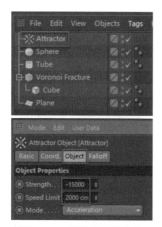

图16-16　设置吸引子参数

这里把强度设置为负值，是把吸引力反过来使用，成为排斥力。

在Coord.选项卡中，把P.Y设置为-40 cm。在Falloff面板中，把Shape（形状）设置为Sphere（球形），如图16-17所示。

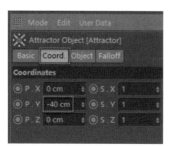

图16-17　坐标和衰减设置

强度和速度动画设置。将动画时间滑块拖动到第10帧处，在Attractor的Object选项卡中，单击Strength和Speed Limit左侧的动画按钮，在第10帧处记录一个关键帧，如图16-18所示。

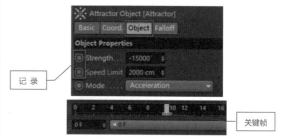

图16-18　记录第一个关键帧

将动画时间滑块拖动到第15帧处，在Attractor的Object面板中，把Strength和Speed Limit都设置为0。单击Strength和Speed Limit左侧的动画按钮，在第15帧处记录一个关键帧，如图16-19所示。

图16-19　记录第二个关键帧

衰减动画设置。将动画时间滑块拖动到第10帧处，在Falloff面板中，将Scale设置为100%，单击动画记录按钮，记录一个关键帧。将滑块拖动到第15帧处，将Scale设置为0%，单击动画记录按钮，再记录一个关键帧，如图16-20所示。

图16-20　两个衰减关键帧

16.2.2　动力学设置

本小节将通过动力学设置生成爆炸的初步特效。

在"物体"面板中，在Plane上单击鼠标右键，在弹出的快捷菜单中选择Simulate Tags（模拟标签）> Collider Body（碰撞物体）命令，在Plane右侧出现碰撞体图标。在Collision选项卡中，将Bounce（反弹）设置为20%，Friction（摩擦）设置为200%，如图16-21所示。

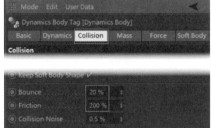

图16-21　设置碰撞属性

在Voronoi Fracture上单击鼠标右键，在弹出的快捷菜单中选择Simulate Tags（模拟标签）> Rigid Body（刚体）命令，在Voronoi Fracture右侧出现刚体图标。在刚体的Collision选项卡中，将Bounce（反弹）设置为10%，Friction（摩擦）设置为200%，如

图16-22所示。

图16-22　设置刚体属性

在刚体的Force（力）选项卡中，将Drag设置为2%，如图16-23所示。

图16-23　设置Force属性

选中Voronoi Fracture对象，在Connectors选项卡中，单击Create Fixed Connector按钮。在"物体"面板中，Voronoi Fracture对象下方出现一个Connector（连接器）子物体，如图16-24所示。

选中Connector子物体，在Object选项卡中，将Force设置为20000 cm，Torque（扭矩）设置为10000，如图16-25所示。

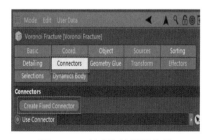

图16-24　创建连接器子物体

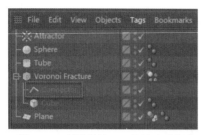

图16-24　创建连接器子物体（续）

图16-25　设置连接器参数

Torque（扭矩）可以为力和扭矩的固定设置定义限制。如果施加在接头上的力超过该值，接头将断开并禁用。

播放动画时，视图中已经可以看到地面爆炸的特效，如图16-26所示。

图16-26　地面爆炸特效

16.3　小碎片的创建

在16.2.2节我们已经做出了地面爆炸的特效。爆炸产生了大量碎片，但是这些碎片有一个比较大的问题，就是总体来说体积都太

大了，缺少细小的碎片，因此动画显得不够真实。本节将创建细小碎片和动画。

16.3.1　复制泰森多边形

由于小碎片也需要动力学属性，因此无须从头创建，只需要把现有的Voronoi Fracture复制，并从中提取一部分即可。

在"物体"面板中选中Voronoi Fracture对象，按住Ctrl键并向上拖动，在其上方创建出一个副本，副本自动命名为Voronoi Fracture.1。为了采集碎片，需要把Voronoi Fracture的功能暂时关闭，如图16-27所示。

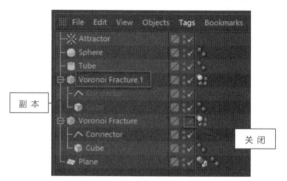

图16-27　创建泰森多边形副本

播放动画，由于Voronoi Fracture已经被关闭功能，因此现在视图中的爆炸动画是其副本Voronoi Fracture.1形成的。在第10帧时，将动画停下来，此时的爆炸碎片分布如图16-28所示。

图16-28　第10帧的爆炸碎片分布

确保Voronoi Fracture.1处于选中状态，按C键，将该节点转换为可编辑多边形。爆炸形成的每一个碎片都成了Voronoi Fracture.1的子物体，如图16-29所示。

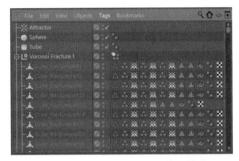

图16-29　Voronoi Fracture.1的子物体

16.3.2　提取碎片

在工具栏上点击Cube按钮并按住，在弹出的面板中，单击Null（空集）按钮。创建一个Null集合，将该集合更名为Debris（碎片），如图16-30所示。

图16-30　创建Debris集合

在Front或Right视图中，采用框选工具选出Voronoi Fracture.1的一部分爆炸碎片，如图16-31所示。

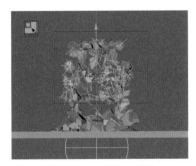

图16-31　框选部分碎片

在"物体"面板中，将Voronoi Fracture.1集合下方被选中的碎片模型拖动到Debris集合中，成为其子物体，如图16-32所示。

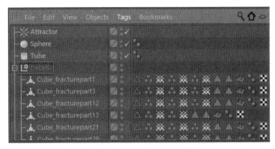

图16-32　Debris集合中的模型

将Voronoi Fracture.1集合右侧的刚体图标移动到Debris集合右侧，使Debris集合中的所有模型都具有动力学属性。再把Voronoi Fracture.1集合删除，如图16-33所示。

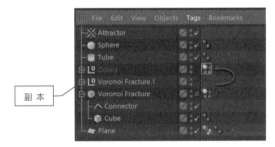

图16-33　移动刚体图标

16.3.3　复制碎片

本小节将对Debris集合中的碎片模型进行复制。首先单击Debris集合右侧的刚体按钮，在Dynamics选项卡中，取消选中Enabled（启用）复选框，如图16-34所示。

展开Debris集合，单击下方第一个碎片模型，再按住Shift键单击最后一个模型，选中集合中的所有碎片模型。在视图中，采用缩放工具，对模型做缩小处理，缩小到30%，如图16-35所示。

切换为移动模式，按住Ctrl键移动碎片模型，将碎片模型复制出一个副本。重复上述操作，再创建四五个副本。将这些碎片副本聚集在一起，形成一堆碎片，如图16-36所示。

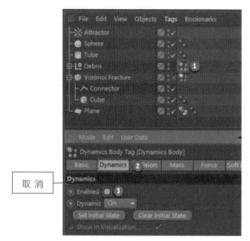

图16-34　关闭刚体动力学

图16-35　缩小碎片模型

图16-36　复制碎片

选中Debris集合，在视图中将所有的碎片都放置到Attractor图标的正上方，贴近地面的位置，如图16-37所示。

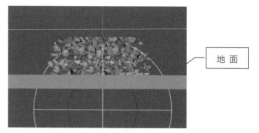

图16-37　放置碎片模型

单击Debris集合右侧的刚体图标，在Dynamics选项卡中，选中Enabled复选框。最后，单击Voronoi Fracture右侧的红叉，使之变为绿色对钩，激活该节点的功能，如图16-38所示。

图16-38　动力学设置

播放动画时，爆炸的时候大碎片会裹挟着大量小碎片一起飞散，二者之间还有摩擦和碰撞，效果相当真实，如图16-39所示。

图16-39　逼真的爆炸效果

16.3.4　小碎片的显示动画

目前，加上了小碎片的爆炸特效已经相当真实，但是还存在一个明显的"穿帮"现象。小碎片在第0帧时就已经出现在场景中了，但此时爆炸还没有发生，这显然不合常理，如图16-40所示。

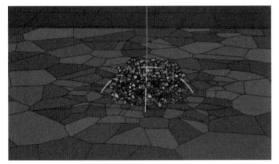

图16-40　爆炸之前就出现碎片

上述问题可以通过设置碎片的可见性动画加以解决。

在"物体"面板中，选中Debris集合，单击鼠标右键，在弹出的快捷菜单中选择CINEMA 4D Tags > Display（显示）命令，在该集合右侧添加一个显示图标，如图16-41所示。

图16-41　显示图标

单击Display图标，在Tag选项卡中，选中Visibility（可见性）左侧的复选框，启用该选项，如图16-42所示。

当可见性参数为100%时，模型可见；当可见性为0%时，模型完全消失不见。只要对这个参数做关键帧动画，即可解决小碎片的显示问题。

图16-42　激活可见性

播放动画时，可以看到第3帧时地面爆炸形成的大块碎片就已经撞上了小碎片，如图16-43所示。也就是说，小碎片模型只要在第3帧的时候出现，动画就不会"穿帮"。

图16-43　第3帧动画画面

现在，只需要在第0帧记录一个Visibility=0%，在第3帧记录一个Visibility=100%的关键帧动画即可，如图16-44所示。

图16-44　记录两个关键帧

经上述操作，小碎片在第0帧、第1帧和第2帧三帧当中是不可见的，到第3帧时瞬间可见。正常速度播放动画时这个过程只有不到1/10秒，人眼是根本无法分辨的，因此也就完成了一个障眼法，骗过了观众的眼睛。

最后，可以在"物体"面板中，同时选

中Debris和Voronoi Fracture的刚体图标。在Cache（缓存）选项卡中单击Bake Object（烘焙对象）按钮，对动力学模拟作烘焙处理，如图16-45所示。

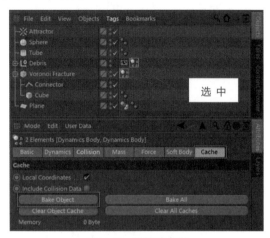

图16-45　烘焙动力学

16.4 烟雾特效的创建

到16.3.4节我们已经完成了地面爆炸的动力学特效制作，效果相当满意。根据常识，任何爆炸几乎都会伴随着火光、烟雾、灰尘等元素的出现。本节就要解决这个问题，解决方案是采用TurbulenceFD插件模拟烟尘特效。

16.4.1 TurbulenceFD 的安装

TurbulenceFD是Jawset公司出品的一款模拟流体、烟雾、火光、水墨等特效的第三方插件，它的解算速度和模拟精度非常高，正好弥补了C4D在这方面的不足。该款插件可以轻松地模拟出火灾、烟雾、灰尘等多种气体现象，让特效看上去更加真实，满足用户对各种火灾、爆炸和烟雾特效制作的需求。

TurbulenceFD的安装方法。首先打开配套资源包中的"第16章 真实爆炸"文件夹，找到其中的TurbulenceFD压缩包。在压缩包上单击鼠标右键，在弹出的快捷菜单中选择"解压到TurbulenceFD"命令，这样压缩包会被解压到一个同名文件夹中，如图16-46所示。

图16-46　解压压缩包

在桌面上找到C4D快捷图标，在其上单击鼠标右键，在弹出的快捷菜单中选择"打开文件所在的位置"命令，打开C4D的安装目录，其中有一个plugins（插件）文件夹，如图16-47所示。

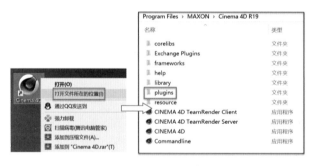

图16-47　打开C4D安装目录

双击打开安装目录中的plugins文件夹，将上一步解压的TurbulenceFD文件夹复制粘贴到该文件夹中，如图16-48所示。

图16-48　复制粘贴文件夹

重新启动C4D软件，即可在Plugins菜单中找到TurbulenceFD插件，如图16-49所示。

图16-49　TurbulenceFD插件

16.4.2　TurbulenceFD 的设置

本小节对TurbulenceFD插件做详细设置。

执行菜单栏中的Plugins > TurbulenceFD > TurbulenceFD Container命令，在视图中创建一个TurbulenceFD容器，如图16-50所示。

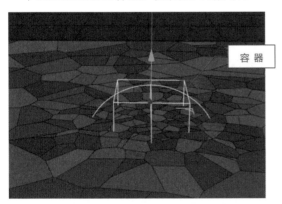

图16-50　TurbulenceFD容器

选中TurbulenceFD，在Container选项卡中，将Voxel Size（体素尺寸）设置为4 cm，Grid Size（网格尺寸）分别设置为1000 cm、

600 cm和1000 cm。在Coord.选项卡中，将P.Y设置为316 cm，如图16-51所示。

图16-51　设置容器尺寸

在视图中，TurbulenceFD容器恰好罩住地面模型，如图16-52所示。

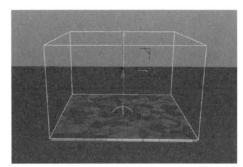

图16-52　设置后的容器

切换到Simulation（模拟）选项卡，在Solver参数栏中，将Frame Sub-Steps Limit设置为2。在Closed container boundaries参数栏中，选中-Y复选框，启用该选项，如图16-53所示。

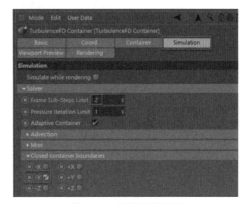

图16-53　模拟参数设置

在Vorticity（涡度）、Turbulence（湍流）和Density（密度）参数栏中设置相关的参数，如图16-54所示。

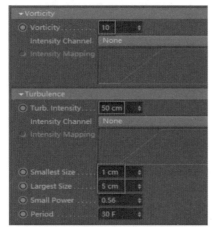

图16-54　涡度、湍流和密度设置

在Viewport Preview（视图预览）选项卡中，将Channel（通道）设置为Density模式，如图16-55所示。

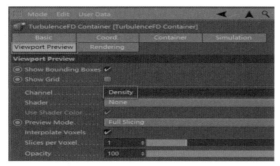

图16-55　视图预览设置

在Rendering（渲染）选项卡中，将Channel（通道）设置为Density模式。在下方的Mapping（贴图）曲线图上单击鼠标，如图16-56所示。

弹出Smoke Intensity Mapping（烟雾浓度贴图）对话框，这是一个曲线编辑器。选

中曲线上的第二个控制点，在右下角的Bias（偏移）文本框中输入-0.4，将贴图曲线编辑为一个弧形，如图16-57所示。

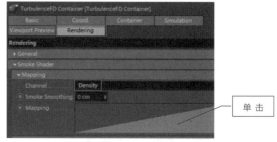

图16-56　渲染属性设置

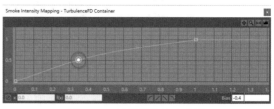

图16-57　编辑烟雾浓度曲线

16.4.3　TurbulenceFD发射器设置

在"物体"面板的Voronoi Fracture对象上单击鼠标右键，在弹出的快捷菜单中选择TurbulenceFD Tags > TurbulenceFD Emitter（发射器）命令，给该对象加载一个发射器图标，如图16-58所示。

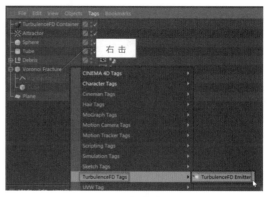

图16-58　加载发射器

单击Voronoi Fracture右侧的TurbulenceFD

Emitter图标，在Force（力）选项卡中设置属性，如图16-59所示。

图16-59 设置"力"属性

密度动画设置。在Channels参数栏中，对Density Value（密度值）参数做关键帧动画设置，如图16-60所示。

图16-60 设置Density Value参数

具体数值和关键帧如表16-1所示。

表 16-1 Density Value 的关键帧和具体数值

关键帧	Density Value取值
0	0
5	1
20	1
30	0

按住Ctrl键的同时拖动Voronoi Fracture对象上的TurbulenceFD Emitter图标，将其复制给Debris节点，使小碎片模型也具有相同的属性，如图16-61所示。

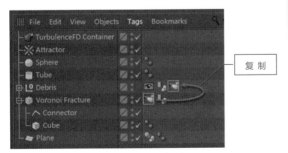

图16-61 复制发射器

执行菜单栏中的Plugins > TurbulenceFD > Simulation Window（模拟窗口）命令，打开一个模拟生成面板，单击Start（开始）按钮，开始解算烟雾特效，如图16-62所示。

图16-62 模拟解算面板

软件会逐帧解算每一个粒子的烟雾特效，并在视图中实时显示，如图16-63所示。

图16-63 视图中的烟雾显示

解算速度取决于粒子的数量、动画长度和电脑的配置等因素。解算结束后，会显示相关信息，如图16-64所示。

图16-64 显示解算信息

至此，真实爆炸特效全部制作完成。

第17章 | 粒子飞龙

本章讲解一个粒子飞龙动画的创建过程。由大量粒子堆积而成的一条长龙，在空中上下盘旋翻飞，构成飞龙的粒子之间的相互碰撞和摩擦。粒子飞龙动画静帧画面如图17-1所示。

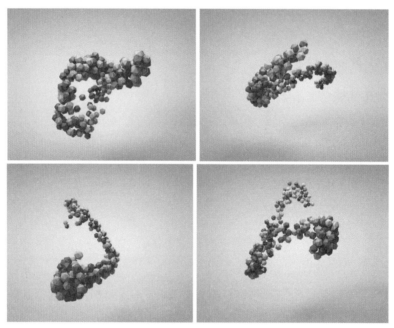

图17-1　粒子飞龙动画静帧画面

本案例使用到的模块主要有断裂、随机、克隆器、步进等。本章还详细讲解了如何设置照明、摄像机动画设置和渲染输出等技法。

17.1　粒子飞龙动画的创建

本节将创建粒子飞龙的动画，使用到的模块有立方体、断裂、随机、克隆器、步进和延迟等。

17.1.1　创建立方体和断裂

新建C4D场景，单击工具栏上的Cube按钮，创建一个立方体模型。切换到Object选项卡，设置三个轴向的尺寸，如图17-2所示。

图17-2　立方体属性设置

在"物体"面板中，选中Cube对象，执行菜单栏中的MoGraph > Fracture（断裂）命令，在Cube上方创建一个Fracture对象。将Cube模型移动到Fracture下方，成为其子物体，如图17-3所示。

图17-3　加载"断裂"对象

"断裂"的两个功能如下。

● 它将所有子对象视为可受任何效果器影响的克隆。

● 如果子对象也恰好是不相关的对象（例如，挤出对象中的一个或多个样条曲线段），它们已通过Disconnect命令分离为各自的组件，则这些单独的组件也可以视为克隆。

选中Fracture，执行菜单栏中的MoGraph > Effector > Random（随机）命令，在Fracture上方加载一个Random效果器。在Effector选项卡中，将Random Mode设置为Noise（噪波）模型，选中Indexed复选框，将Animation Speed设置为50%，如图17-4所示。

Indexed（指数）选项对于噪波和湍流模式很重要。如果此选项未被激活，则在内部采样噪波时，将确定X、Y和Z的相等随机值，这可能导致播放动画时出现对角线移动。

在Parameter（参数）属性栏，将P.X /Y/Z三个轴向的位置都设置为1000 cm。选中

Scale和Uniform Scale复选框，将Scale设置为-0.5，如图17-5所示。

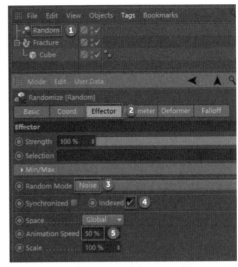

图17-4　"随机"属性设置

图17-5　"参数"属性设置

17.1.2　创建跟踪器

选中Fracture对象，执行菜单栏中的MoGraph > Tracer（跟踪器）命令，在Random上方加载一个Tracer对象。在Object选项卡中，Trace Link右侧的列表中有Fracture对象，如图17-6所示。

在跟踪器内部创建样条曲线，这样可以使用跟踪器代替样条曲线。

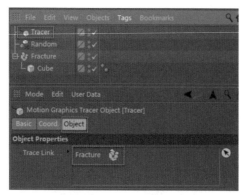

图17-6 加载跟踪器

在Object选项卡中，将Limit（限度）设置为From End，Amount（总量）设置为50，如图17-7所示。

图17-7 物体属性设置

将动画时间线设置为500帧，播放动画，在视图中可以看到立方体在空间中做随机移动，同时拖出一条黑色轨迹线，如图17-8所示。

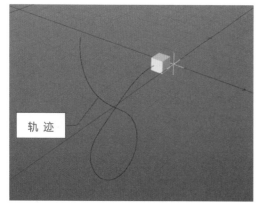

图17-8 立方体随机移动

立方体的运动形态主要由Random对象的Effector选项卡中的设置确定。读者可以到该面板调整不同的参数和选项进行测试。

17.1.3 创建克隆器和二十面体

选中Fracture对象，执行菜单栏中的MoGraph > Cloner（克隆器）命令，在Tracer上方加载一个Cloner对象。在工具栏上点击Cube按钮并按住，在弹出的面板中单击Platonic按钮，创建一个Platonic（二十面体）模型，如图17-9所示。

图17-9 创建两个对象

选中Platonic模型，在Object选项卡中，将Radius设置为20 cm。将Platonic移动到Cloner下方，成为其子物体，如图17-10所示。

图17-10 设置Platonic属性

选中Cloner对象，在Object选项卡中，将Mode设置为Object，把Tracer拖动到Object右侧的对象槽中。将Count（数量）设置为200，如图17-11所示。

播放动画，200个Platonic（二十面体）呈现随机移动效果，形成一条长龙，如

图17-12所示。

图17-11　Cloner属性设置

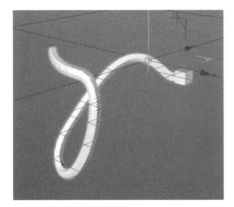

图17-12　随机移动的二十面体

选中Cloner对象，单击鼠标右键，在弹出的快捷菜单中选择Simulation Tags > Rigid Body（刚体）命令，为其加载刚体属性。单击刚体图标，在Collision选项卡中，将Individual Elements设置为All。在Force选项卡中，将Follow Position设置为8，如图17-13所示。

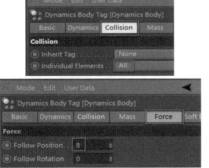

图17-13　两个面板的属性设置

播放动画，视图中生成一条由二十面体堆积而成的粒子长龙在空中飞行，如图17-14所示。

图17-14　生成粒子长龙

17.1.4　关键帧动画设置

Random动画设置。选中Random对象，在Effector选项卡中设置动画关键帧。在第0帧处，设置Strength（强度）为1%的动画关键帧。在第40帧处，设置Strength为100%的动画关键帧，如图17-15所示。

图17-15　设置两个"强度"关键帧

Platonic关键帧设置。选中Platonic模型对象，在Object选项卡中设置Radius（半径）参数动画关键帧。在第0帧处，设置Radius为0 cm的动画关键帧。在第20帧处，设置Radius为20 cm的动画关键帧，如图17-16所示。

图17-16　设置两个"半径"关键帧

播放动画，粒子长龙上的粒子有一个从0到20 cm快速变大的动画，形成一种无中生有的动画效果，如图17-17所示。

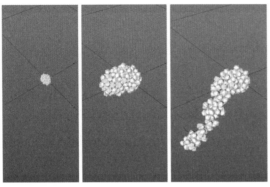

图17-17　粒子长龙的大小变化

17.1.5　加载步进和延迟效果器

选中Cloner对象，执行菜单栏中的MoGraph > Effector > Step（步进）命令，在Cloner上方加载一个Step效果器。

选中Step效果器，执行菜单栏中的MoGraph > Effector > Delay（延迟）命令，在Cloner上方加载一个Delay效果器，如图17-18所示。

图17-18　加载两个效果器

在Delay效果器的Effector选项卡中，将Strength设置为75%，Mode设置为Spring（弹簧）模式，如图17-19所示。

Spring（弹簧）模式：克隆体的行为就像它们之间有弹簧一样，导致轻微的残余振荡，也可能发生过振荡。较大的值将增加残余振荡，即该值越大弹簧越软。

图17-19　设置延迟属性

17.2　照明和材质

本节将创建场景的材质、照明，使用到的模块有材质导入、照明场景的导入和相关的设置等。

17.2.1　创建材质

在材质编辑面板，执行菜单栏中的Create（创建）> Load Materials（加载材质）命令，如图17-20所示。

图17-20　"加载材质"命令

打开Open File窗口，打开配套资源包"第17章 粒子飞龙"文件夹中的MercyMat材质文件，如图17-21所示。

材质编辑区将加载MercyMat材质样本球，如图17-22所示。

按住Ctrl键并拖动Platonic模型，将该模型复制出一个副本。再把被复制出来的Platonic

模型移到Cloner下方，如图17-23所示。

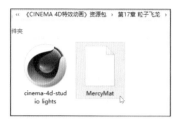

图17-21　打开材质文件

图17-22　MercyMat材质样本球

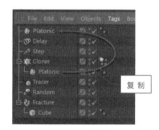

图17-23　复制Platonic

将两个不同颜色的样本球拖动到两个Platonic模型上，如图17-24所示。

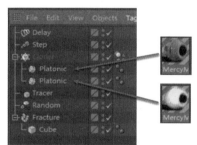

图17-24　赋予不同的材质

播放动画时，构成长龙的粒子呈现两种不

同的颜色，更加美观，效果如图17-25所示。

图17-25　两种不同颜色的粒子

17.2.2　创建照明环境

执行菜单栏中的File（文件）> Merge（合并）命令，打开配套资源包"第17章 粒子飞龙"文件夹中的cinema-4d-studio lights场景文件，如图17-26所示。

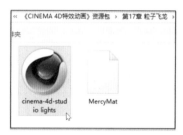

图17-26　打开照明场景文件

合并到当前场景的cinema 4d studio lights是一个C4D照明场景模型，包含地面模型和两个柔光箱模型等对象，如图17-27所示。

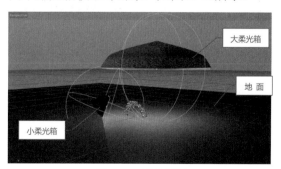

图17-27　照明场景

"物体"面板中也相应地添加了三个集合，Softbox是小柔光箱，OverHead Softbox是顶置大柔光箱，FLOOR&BACKGROUND包括天空背景、地面和地板等模型，如图17-28所示。

图17-28 "物体"面板加载的场景模型

根据粒子龙的运动状态，适当地调整两个柔光箱和地面的位置。地面应该整体向下移动一段距离，使粒子龙运动到最低位置时不要出现钻进地面的情况，如图17-29所示。

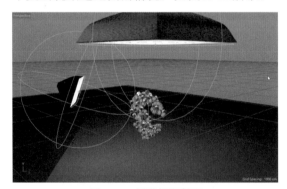

图17-29 调整场景模型

17.3 动画的创建和渲染设置

本节创建摄像机动画，并对粒子飞龙动画做渲染输出设置。

17.3.1 创建摄像机动画

将透视图转动到一个特定角度，既可以看到粒子龙动画，又尽量避免拍摄到两个柔光箱，作为摄像机的取景角度如图17-30所示。

图17-30 摄像机取景角度

单击工具栏上的Camera按钮，创建一个摄像机，如图17-31所示。

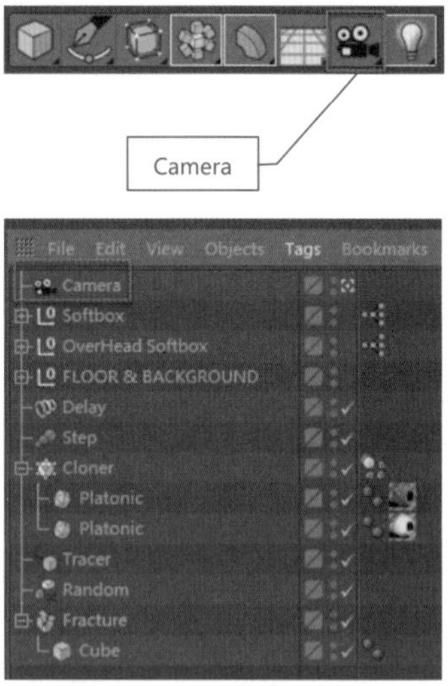

Camera

图17-31 创建摄像机

选中"物体"面板中的Camera对象，单击其右侧的按钮将其激活，如图17-32所示。

激活

图17-32 激活摄像机

调整摄像机画面，使粒子龙的初始发射点处于摄像机的画面中心，并适当地放大。粒子长龙生成时，应尽量占据主要画面。具体构图可参考图17-33。

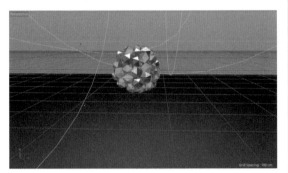

图17-33　摄像机初始构图

将动画滑块拖动到第0帧处。在"物体"面板中选中摄像机，单击时间线下方的Record Active Objects（记录激活对象）按钮，记录当前摄像机位置，如图17-34所示。

图17-34　记录摄像机动画

播放动画，当动画运行到第150帧时，停止播放动画，此时飞龙已经在空中盘旋。调整摄像机的角度，使飞龙整体都可以被摄像机拍摄到，如图17-35所示。再次按下Record Active Objects按钮，记录当前摄像机的位置。

图17-35　记录第150帧处摄像机位置

播放动画，透视图在播放粒子长龙动画的同时，还会有一个摄像机动画。

如果摄像机画面中出现了柔光箱等不需要被看到的对象，比如图17-36中的左上角出现了小柔光箱，可以在"物体"面板中把柔光箱的渲染属性关闭，这样柔光箱就不会被渲染了。

图17-36　关闭柔光箱渲染属性

17.3.2　渲染输出设置

单击工具栏上的Edit Render Settings（编辑渲染设置）按钮，打开Render Settings（渲染设置）对话框，如图17-37所示。

在Render Settings对话框左侧列表中，单击Effect（效果）按钮，在弹出的快捷菜单中选择Global Illumination（全局照明）命令。在渲染列表中加载全局照明项目，如图17-38所示。

Global Illumination（GI）可以计算物体表面之间的反射光，和真实世界中的照明很接近，使渲染图像更加逼真，但是同时也会大幅增加渲染时间。图17-39所示为使用GI的结果对比，因为计算了反射光，使用GI的渲染图要更加明亮，效果也更逼真。获得了好的渲染品质，也需要付出时间的代价，图17-39（b）的渲染时长是图17-39（a）的四倍以上。

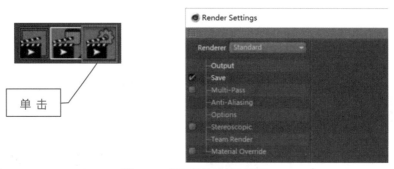

图17-37　打开渲染设置对话框

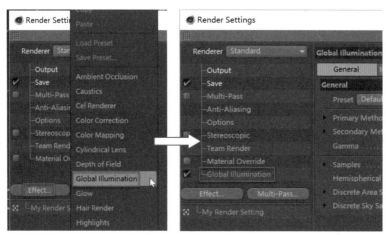

图17-38　加载全局照明项目

（a）　　　　　　　　　　　　　　　（b）

图17-39　GI渲染对比

　　在左侧渲染列表中选中Anti-Aliasing（抗锯齿），在右侧的设置面板中将Anti-Aliasing设置为Best（最佳），Min Level和Max Level都设置为1x1，如图17-40所示。

　　抗锯齿会从图像中删除锯齿边缘。它的工作原理是将每个像素都分解为子像素；不是只计算像素的一种颜色，而是计算多个颜色值并求平均值，以生成像素的最终颜色。使用抗锯齿可以显著提高渲染的画面质量，不过同时也会增加渲染时间。图17-41所示为抗锯齿效果对比。

图17-40　"抗锯齿"设置

图17-41　抗锯齿渲染效果对比

17.3.3　动画输出设置

保存和输出格式设置。在Render Settings对话框左侧单击Save（保存）节点，在右侧的面板中设置输出路径和图像格式，如图17-42所示。

图17-42　设置保存路径和格式

输出设置。单击Output（输出）节点，在左侧面板设置动画的输出参数，包括分辨率、帧速率和帧数范围等。如果要渲染动画序列帧，要将Frame Range（帧范围）设置为All Frames

（全部帧），如图17-43所示。

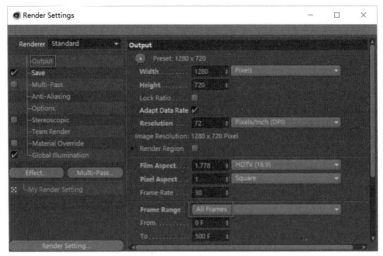

图17-43　输出设置

最后，就可以单击工具栏上的Render To Picture Viewer按钮，开始动画渲染输出，如图17-44所示。

图17-44　渲染动画

至此，粒子飞龙特效动画制作完成。